essentials

essentials liefern aktuelles Wissen in konzentrierter Form. Die Essenz dessen, worauf es als „State-of-the-Art" in der gegenwärtigen Fachdiskussion oder in der Praxis ankommt. *essentials* informieren schnell, unkompliziert und verständlich

- als Einführung in ein aktuelles Thema aus Ihrem Fachgebiet
- als Einstieg in ein für Sie noch unbekanntes Themenfeld
- als Einblick, um zum Thema mitreden zu können

Die Bücher in elektronischer und gedruckter Form bringen das Expertenwissen von Springer-Fachautoren kompakt zur Darstellung. Sie sind besonders für die Nutzung als eBook auf Tablet-PCs, eBook-Readern und Smartphones geeignet. *essentials:* Wissensbausteine aus den Wirtschafts, Sozial- und Geisteswissenschaften, aus Technik und Naturwissenschaften sowie aus Medizin, Psychologie und Gesundheitsberufen. Von renommierten Autoren aller Springer-Verlagsmarken.

Weitere Bände in der Reihe http://www.springer.com/series/13088

Bernd Herrmann

Das menschliche Ökosystem

Ein humanökologisch-erkenntnistheoretischer Essay

Bernd Herrmann
Institut für Anthropologie
Universität Göttingen
Göttingen, Deutschland

ISSN 2197-6708 ISSN 2197-6716 (electronic)
essentials
ISBN 978-3-658-24942-7 ISBN 978-3-658-24943-4 (eBook)
https://doi.org/10.1007/978-3-658-24943-4

Die Deutsche Nationalbibliothek verzeichnet diese Publikation in der Deutschen Nationalbibliografie; detaillierte bibliografische Daten sind im Internet über http://dnb.d-nb.de abrufbar.

Springer Spektrum

Springer Spektrum ist ein Imprint der eingetragenen Gesellschaft Springer Fachmedien Wiesbaden GmbH und ist ein Teil von Springer Nature
Die Anschrift der Gesellschaft ist: Abraham-Lincoln-Str. 46, 65189 Wiesbaden, Germany

Was Sie in diesem *essential* finden können

- Überlegungen zum Begriff der ökosystemaren Dienstleistung
- Erläuterungen zum Umweltbegriff und zur individuellen Umwelt
- Erklärung, warum Kulturen für Menschen die Funktion von Ökosystemen haben

Vorwort

Der nachfolgende Essay sollte sich mit dem menschlichen Ökosystem und seinen Dienstleistungen befassen. Dabei würde es nicht ohne die Erörterung vorauszusetzender Überlegungen gehen können. In der resultierenden Darstellung war erforderlich, teilweise bis auf Grundfragen biologischen Erkenntnisgewinns zurückzugreifen. Ob diese nun direkt oder auf Umwegen zum Thema führen, schien mir zweitrangig. Wichtig war mir, dass diese Fragen wieder stärker ins Bewusstsein rücken, wenigstens durch die und während der Lektüre des Aufsatzes. Nach meinem Eindruck, der sich durch einen Blick in die verpflichtenden Lehrbücher der Biologie mindestens für das Bachelor-Studium bestätigt sieht, treten gedankliche Auseinandersetzungen mit Erkenntnisproblemen der Biologie gegenwärtig in den Hintergrund. Es ist überhaupt fraglich, ob ein ebenso großartiges wie grundlegendes Werk wie das von Heinz Penzlin (2014) jemals die heutigen Studierenden der Biologie erreicht. Deshalb bitte ich die Leser[1] um Verständnis und Geduld. Die Vermittlung der Vorüberlegungen soll die Rezeption der späteren Hauptaussagen erleichtern.

Selbstverständlich kann weder der begrenzte Raum dieses Essays noch die Kompetenz des Autors ausreichen, alle Aspekte des Themas zu erörtern. Es geht deshalb in erster Linie um das Problematisieren des Problems. Dass es sich um ein Problemfeld handelt ist unzweifelhaft, weil schwerlich vorstellbar ist, dass der allgegenwärtige Gebrauch der Begriffe stets im Verständnis derselben Definition erfolgt.

[1]Im gesamten Text ist mit der männlichen Form immer auch die weibliche mitgemeint.

Ein Ökosystem ist nach meiner Überlegung ein durch Selbstorganisation der Wirkungen einer endlichen, wenn auch nicht notwendig bekannten Anzahl von Arten und Umweltmedien aufeinander in einem bestimmbaren geografischen Raum entstandene raumzeitliche Gemeinschaft von Lebewesen und ihren medialen Substraten.

Möglicherweise wird es erforderlich, mit fortschreitender Darstellung Ergänzungen an dieser Definition vorzunehmen. Ich schließe hier an Überlegungen an, die im Kap. 4 des Essential Bändchens „Umweltgeschichte und Kausalität" skizziert sind (Herrmann und Sieglerschmidt 2018). Ich hoffe, dass dieser Essay für etwas Orientierung in der aus meiner Sicht lückenhaft geführten Diskussion sorgen kann.

Es soll nicht Aufgabe des Essays sein, Übersichtswissen über den derzeitigen Zustand des globalen Ökosystems, einzelner seiner Komponenten oder wünschenswerter Zukunftssteuerungen zusammen zu tragen. Eine ungefähre Kenntnis dessen wird vielmehr vorausgesetzt. Sie ist leicht erreichbar, u. a. durch Publikationen folgender Organisationen:

- Grenzen der planetaren Belastbarkeit („Planetare Grenzen") https://www.bundestag.de/blob/279434/12fcb3040a6f085a130bec56b20366a2/planetare_grenzen-data.pdf
- Food and Agricultural Organisation der UN http://www.fao.org/publications/en/
- Millennium Ecosystem Assessment https://www.millenniumassessment.org/en/index.html
- Wissenschaftlicher Beirat der Bundesregierung: Globale Umweltveränderungen https://www.wbgu.de/, hier die Jahresgutachten
- The Global Goals for Sustainable Development https://www.globalgoals.org/ bzw. Agenda 2030 für nachhaltige Entwicklung http://www.bmz.de/de/ministerium/ziele/2030_agenda/index.html

Ich danke meinen Lektorinnen Stefanie Wolf und Angelika Schulz sowie der Herstellerin Indira Thangavelu, Chennai, Indien.

Meiner Frau Susanne danke ich – wie immer – für verlässlichen Rat und für ihre Geduld.

Göttingen
den 31.10.2018

Bernd Herrmann

Inhaltsverzeichnis

1 Einige notwendige Vorüberlegungen

1.1 Allgemeine Orientierung

Das menschliche Ökosystem bzw. seine Dienstleistungen also. Das wirft von vornherein ernste Probleme auf, nicht nur, weil unter einer Dienstleistung offenbar ausschließlich und zeitabhängig Positives, Nützliches, Profitables, monetär Kalkulierbares verstanden werden soll, sämtlich Werturteile, die es nach herrschender Lehre angeblich nur im Kontext menschlicher Existenzen zu geben scheint. Nun sind Ökosysteme als solche nicht in der Welt, um allein die Interessen von Menschen zu befriedigen. Sie decken die basalen Lebensbedürfnisse *aller* in ihnen existierenden Lebewesen, was man als *die* Dienstleistung schlechthin begreifen kann, selbst wenn der Begriff der ökologischen (ökosystemaren) Dienstleistung erstaunlicherweise auf den Zusammenhang mit menschlichem Wohlbefinden begrenzt wird (MEA 2005, S. V; Schaefer 2012, S. 205). Die Definition des TEEB (2010, S. 45), die unter Rückgriff auf MEA den grundsätzlich gleichen Standpunkt teilt, erklärt einerseits das Phänomen zirkulär mit dem Phänomen („Lebensräume/Unterstützende Leistungen dienen der Erzeugung nahezu aller anderen Ökosystemdienstleistungen. Ökosysteme bieten Lebensräume für Tiere und Pflanzen und beheimaten eine Vielfalt an Pflanzen- und Tierarten.") und hat andererseits ein irritierendes Kulturverständnis: „Kulturelle Leistungen umfassen die *immateriellen* Nutzen, die der Mensch aus seiner Beziehung zu den Ökosystemen zieht, seien sie ästhetischer, geistiger oder seelischer oder anderer Natur" (Hervorhebung vom Verf.). Als ob das Bauen von Häusern aus Holz oder Stein oder die Verhüttung von Eisen etc. etwas Immaterielles wäre. Und als ob Entscheidungen, wer wann was wo essen und wer welche naturalen Ressourcen wann und wie nutzen darf kulturfrei getroffen würden. Man übersieht, dass *für Menschen sämtliche ökosystemaren Dienstleistungen kulturell vermittelt sind.*

B. Herrmann, *Das menschliche Ökosystem*, essentials,
https://doi.org/10.1007/978-3-658-24943-4_1

D. h., der physische wie ideelle Zustand der Ökosysteme hängt von den kulturellen Wertvorstellungen des Betrachters ab. Sie bestimmen, wie ein dienstleistendes Ökosystem gemanagt wird.

Erkenntnistheoretisch ist die verwendete Begrifflichkeit ohnehin unzutreffend, irrenführend und leistet einem missbrauchsförderlichen Naturverständnis Vorschub, in dem der *dienende* Aspekt betont wird. Selbstverständlich ist die Figur der „ökologischen Dienstleistung" wissenschaftlich kontextualisiert. Der Kern dieser Wissenschaft gründet allerdings am Ende auch auf judäo-christlich-abendländischen Denktraditionen, mit eklektizistischen Anteilen anderer monotheistischer Überzeugungssysteme, die sich sämtlich einer Sonderstellung der Menschen gegenüber der restlichen Natur versichern. Das Konzept der Dienstleistung nimmt eine Herren-und-Diener-Konstruktion in Anspruch, die z. B. imperativisch auch in Genesis 1,28 bzw. selbstbewusst im Talmud, Sanhedrin 7, nachdenklicher im Koran, Sure 67,15 formuliert ist. (Alle Quellen ermahnen allerdings die Menschen zur achtsamen Nutzung). Der auf Menschen abgestellte Dienstleistungsaspekt ist als gedankliches Konstrukt mit der Idee einer auf den Menschen und seine Bedürfnisse hin geschaffenen Natur *(natura naturata)* verknüpft. Die Dienstleistung ist wohl niemals so konkret verbildlicht worden wie in Naturstücken und Stillleben der barocken niederländischen Malerei. Gegenwärtig wird die Rechtfertigungstheorie zu diesem Anspruch in wissenschaftlichem Gewande nachgeliefert.

Warum eigentlich sollten nur Menschen in den Genuss ökosystemarer Dienstleistungen kommen? Oder werden sich die Wissenschaft und mit ihr die politischen Akteure an dieser Stelle plötzlich klar über den grundsätzlichen Anthropozentrismus der Welterklärung? Wer Dienstleistungen in den Betrachtungsvordergrund stellt, läuft Gefahr, den verantwortungsvollen Umgang mit den Naturgütern aus dem Blick zu verlieren. Die wissenschaftliche Einsicht war mit dem *New Environmental Paradigm* (Catton und Dunlap 1978) schon einmal weiter, als sie feststellte, Menschen wären nur eine Spezies unter vielen anderen und sie aufforderte, sich nicht als herausgehoben zu betrachten.

Ein Ökosystem ist kein Akteur. Ebenso wenig nehmen die Organismen, die als Gesamtleistung ein Ökosystem bedingen und hervorbringen, eine Dienstleistung anderer Organismen in Anspruch oder stellen diese zur Verfügung. Alle Organismen im Ökosystem befinden sich in wechselseitigen Abhängigkeiten, die der Aufrechterhaltung des Systems dienen und für die Deckung der individuellen Lebensansprüche erforderlich sind. Wie schief die Begrifflichkeit gewählt ist, erkennt man z. B. daran, dass die Gazellenkuh dem jagenden Löwen ihr Kalb schwerlich als eine Dienstleistung zur Verfügung stellt. Dass Gazellen und Löwen in einem Ökosystem dauerhaft nebeneinander existieren können, liegt an der über viele Elemente vernetzten Systemstruktur, in der am Ende die Ausgleichsalgorithmen der Selbstorganisation des Systems für den weiteren Bestand der Arten innerhalb des Systems sorgen.

Der Begriff der ökosystemaren Dienstleitung ist etabliert, er sollte aber reflektiert und mit Zurückhaltung verwendet werden. Inwieweit er überhaupt aus der anthropozentrischen Anspruchshaltung entstanden ist, kann hier nicht näher verfolgt werden. Es stimmt allerdings nachdenklich, wenn in der Wissenschaft von Dienstleistung geredet wird und beispielsweise nicht vom ebenfalls bildhaften, aber neutraleren „Angebot“ oder, noch neutraler, nicht von „notwendiger bzw. hinreichender ökosystemarer Bedingung im Hinblick auf einen dem Focusorganismus förderlichen Zustand“.

Unter ökosystemaren Dienstleistungen werden im Folgenden – abweichend von gängiger Begrifflichkeit – *sämtliche Aneignungen* durch ein beliebiges Lebewesen sowie *sämtliche Wirkungen* auf dieses verstanden. Die Deckung der Lebensansprüche eines Lebewesens ergibt sich als Aushandlungsprozess zwischen den Lebensansprüchen aller Lebewesen innerhalb des Systems. Die Bevorzugung der nach spezifischer Perspektive als positiv angesehenen Dienstleistungen wird der Gesamtleistung des Systems nicht gerecht. Auch sogenannt nachteilige Wirkungen, „negative Dienstleistungen“ also, sind als solche immanente Bestandteile eines Ökosystems.

Es ist naheliegend, wenn auch von zweifelhafter Berechtigung, wenn Menschen wegen ihrer intelligenten Befähigung die Autonomie der Natur nicht akzeptieren wollen. Sie widersetzen sich der Einsicht, dass die Dinge und Verhältnisse in der Natur so sind, wie sie sind, und nicht, wie sie sein sollen. Menschen haben mit der Erfindung des Landbaus Disruptionsflächen in bestehenden Ökosystemen geschaffen, um auf ihnen ein anthropogenes ökosystemares Management zu betreiben, einzig, um die Vorteile einer artifiziellen ökosystemaren Situation für ihr individuelles bzw. kollektives Leben zu nutzen. Durch ihre Handlungsmacht ist dies den Menschen in den letzten 10.000 Jahren zunehmend möglich geworden.

Der kollektive Ehrgeiz, die Handlungsmacht auf das globale Ökosystem auszudehnen, ist in den letzten 70 Jahren unübersehbar geworden. Durch öffentliche wie private Sorge um die Zukunft der allgemeinen naturalen Lebensgrundlagen droht aus dem Blick zu geraten, dass nicht nur anthropogene Folgen und Nebenfolgen die ökosystemaren Zustände beeinflussen, welche die Gesamtheit der menschlichen Existenzgrundlagen bereitstellen. Dem Essay ist deshalb nicht das blickeinengende „anthropogen“ als Adjektiv beigegeben worden, sondern das unschärfere „menschlich“, das alle Zuweisungsformen zwischen der einfachen Beziehung wie der ausschließenden Verursachung enthalten kann.

Unschärfe also als Konzept, auch, weil der begriffliche Rigorismus, der Bereiche der Diskussion über ökosystemare Dienstleistungen beherrscht, eine Diskussion über Definitionshoheiten ist, die mit Eigensinn und Ängstlichkeit verteidigt, was vermeintlich nur dem Spezialisten vorbehaltenes Wissen wäre (Kirchhoff 2018; Trepl 2014). Danach dürfe es die Verwendung der Wortfügung ökosystemare Dienstleitung ausschließlich in Spezialdebatten der Ökosystemforschung geben. Übernahmen in andere Betrachtungsweisen der Biologie, andere Wissenschaften sowie die öffentliche Diskussion wären „wissenschaftlicher Imperialismus", eine Art begriffliche Usurpation und ein Piratenstück lobbyistischer Biologen zum Erreichen politischer Einflussnahme. Diese Diskussionen, die z. T. mit erheblichem philosophischen Aufwand betrieben werden (wie bei Kirchhoff 2012, 2018), beharren immer noch auf der erkenntnistheoretisch eigentlich überwundenen Natur-Kultur-Dichotomie (insbes. Descola 2013). Für einen strengen Naturwissenschaftler kann es ohnehin keine Unterscheidung zwischen diesen Bereichen geben, weil die Kultur in jedem Falle eine auf natürlichen Prozessen beruhende Hervorbringung ist, welche die Naturgesetzlichkeiten nicht überwinden kann. Eine behauptete Eigengesetzlichkeit kultureller Prozesse oder Hervorbringungen stellt deshalb bestenfalls ein heuristisches Zwischenergebnis bis zu ihrer endgültigen naturwissenschaftlichen Erklärung dar.

Das Wort „Biodiversität", das vorsätzlich mit einem politischen Spin versehen wurde (Edward Wilson 1988, dtsch. Übers. 1992), könnte das abschreckende Beispiel für die eben angesprochene Art eines politisches *Buzz Words* liefern. Hätte man aber ohne diese Politisierung heute ein ähnliches öffentliches Bewusstsein für die Relevanz der Biodiversität? Die Begriffspuristen sind der Auffassung, dass man einem dienstleistenden Ökosystem alle Arten entnehmen könne, an deren Dienst kein Interesse besteht. Überhaupt käme ein Ökosystem bei gleichbleibendem Charakter auch ohne eine Vielzahl seiner Arten aus (Trepl 2012). Genau dieses Modell befolgt ja die Agrarindustrie. Trepl polemisiert gegen einen Mangel an Funktionalitätswissen über Biodiversität, wie er in den einflussreichen MEA- und TEEB-Berichten aufscheint. Das ist insofern zutreffend, als sich ein naturwissenschaftliches Argument für die Notwendigkeit der Bewahrung der Biodiversität vor allem unter dem Dienstleistungsaspekt auf die genetische Vielfalt innerhalb der Arten (z. B. FAO 1997) und der Agrarlandschaft (Stichwort Bestäubungsleistung) beschränkt. Die allgemeine Bedeutung zwischenartlicher Diversität oder der von Ökosystemen scheint dagegen eher auf Annahmen als auf naturwissenschaftlicher Kenntnis resp. Beweisführung zu beruhen. Dabei kann man im Hintergrund als gedanklichen Paten die Vorstellung einer vollkommenen, harmonischen Weltschöpfung erkennen („die beste aller Welten"). Der Biodiversitätsbegriff scheint vielfach nur als *Blackbox Begriff* stellvertretend für die Funktionalitäten bzw. für Abläufe im Ökosystem verwendet zu werden. Tatsächlich ist diese Kritik implizit auch eine über Definitionsschwächen des Ökosystembegriffs.

Die Annahme, man könne Arten wie Terme in einem mathematischen Ausdruck der ökosystemaren Biodiversität hinzurechnen oder abziehen, ohne das Systemresultat zu verändern, ist nach heutigem Kenntnisstand ziemlich unwahrscheinlich. Eine *non-sequitur*-Aussage. Einzuräumen ist allerdings, dass im Gegenentwurf auch niemand so recht zu wissen scheint, ob denn ein in Rede stehendes Ökosystem als ein Ort (Chora, χώρα resp. Topos, τόπος) bzw. ein Gefäß (eine Umhüllung, Hypodoche, ὑποδοχή) in der simplikianischen resp. aristotelischen Auffassung zu verstehen sei, dem nicht nur raumzeitliche Eigenschaften zukommen, sondern auch spezifische ontologische Eigenschaften. Der Neuplatoniker Simplikios (480/90 – 550) hatte in seinem Kommentar zur aristotelischen Kosmologie dem „Ort" keine neutrale Funktion mit sich zufällig dort aufhaltenden Objekten zugesprochen. *Als Prinzip der geordneten Struktur des gesamten Kosmos und jedes einzelnen Dings ist der Ort das Maß, das jedem Körper seine geeignete Stellung zuteilt und auch die Teile jedes Körpers ordnet im Ganzen* (Verbeke 1983, S. 121, 122).

Die heutige Wissenschaftstheorie würde die sinngemäß selbe Aussage im Hinblick auf die Verteilung der Organismen im Raum mit dem Hinweis auf ortsabhängige Selbstorganisation und ortsspezifische evolutive Hervorbringung verbinden (Stichworte: Epigenetik, Koevolution, Landscape Genetics). Es ist z. B. unmittelbar einsichtig, dass in der Evolution Löwen nur an Orten entstehen und leben können, die sich als löwengeeignet erweisen. Das heißt nicht, dass Löwen an jedem Ort, der löwengeeignet wäre, auch entstehen müssen. Die Zufälligkeiten und monophyletischen Prinzipien im Evolutionsgeschehen sind hierfür die limitierenden Faktoren. Das schließt allerdings nicht aus, dass an einem bestimmten Ort ein dem Funktionstyp des Löwen entsprechender Organismus entstehen kann.

Charles Bigger (2005, S. 52) fand in seiner Diskussion der philosophischen Bedeutungen der Hypodoche eine Formulierung, die auf den hier diskutierten Sachverhalt wie ideal zutrifft: „*As* hypodoche, *it gives place* (chora) *and life to its creatures through their genetic ties and their material and social connections*". Es ist offensichtlich, dass die Rede über das Ökosystem nicht nur biologisch, sondern auch philosophisch und erkenntnistheoretisch voraussetzungsvoll ist. Sie ist keine Rede über eine bloße technische Vokabel.

Die Frage, wie viele (welche) Arten als hinreichende und wie viele (welche) als notwendige Bedingungen jeweils für ein spezifisches Ökosystem zu gelten haben, scheint unbeantwortet. Etwaig für charakteristisch gehaltenen Leit- oder Schlüsselarten sind ja nur ein sehr grobes diagnostisches Hilfsmittel, und die Festlegung eines Ensembles als konkretes Ökosystem ist daher nur eine ungefähre.

Die Liste der möglichen ökosystemaren Dienstleistungen muss ohnehin *mindestens* so lang sein, dass die allgemeinen wie speziellen Lebensansprüche *aller* im Ökosystem stabil etablierten Arten abgedeckt sind. Notwendig enthält ein Ökosystem damit auch immer Dienstleistungsangebote für nicht stabil etablierte Arten. Dies ist ein Grund für seine Offenheit. Die Frage, ob ein Ökosystem beim Hinzutreten oder Entfernen einer Art seinen Gesamtcharakter ändert, ist kausallogisch selbstverständlich zu bejahen. Wissenschaftspraktisch ist die Frage nur von Bedeutung, wenn die Individuenzahlen einer solchen Art den Gesamtcharakter eines Ökosystems messbar ändern.

1.2 Ökosystem und Wirklichkeit

Die chronologische Reihenfolge der Begriffstrias Schöpfungsreichtum – Artenvielfalt – Biodiversität bezeichnet nicht nur eine Abfolge säkular fortschreitender Wissenschaftlichkeit und damit der fortschreitenden „Entzauberung der Welt" (Max Weber 1988, S. 594). Sie ist auch eine Reihenfolge, die denselben Sachverhalt aus der legitimen Sicht dreier unterschiedlicher Überzeugungssysteme betrachtet.

Wahrscheinlich hat mancher Biologe bzw. die biologische Wissenschaft insgesamt einfach den *linguistic turn* verpasst. Wer die Begriffshoheit der Biologen gegenüber der Anspruchshaltung kulturwissenschaftlich argumentierender Positionen verteidigt, hat in den Grenzen seines Spezialdiskurses zwar recht. Der Ernsthaftigkeit, mit der Ludwig Trepl (2014) die biologische Begrifflichkeit in dieser Hinsicht verteidigt, ist berechtigt. Man wird am Ende einräumen müssen, dass die Biologie und ihre Einsichten ebenfalls kulturelle Konstrukte sind und damit kulturwissenschaftlicher Betrachtung zugänglich. Der Begriffspurismus kann sich nicht vorstellen, dass Einsichten, die in einer wissenschaftlichen Disziplin erarbeitet werden, in anderen Disziplinen unter demselben Namen, aber mit je eigenem Inhalt, eine funktionelle Bedeutung erlangen können. Sie liegt in der Verwendung desselben Terminus, von dem sich die übernehmende Disziplin eine erkenntnisbefördernde Einsicht durch Analogiebildung verspricht. Sie liegt auch in der gesellschaftlichen Aneignung eines Terminus zur Beförderung der allgemeinen Diskussion, wie vom MEA (2005) und TEEB (2010) betrieben. Es ist das Prinzip der *Intentionalität,* welche die terminologische Übernahme im konkreten Fall rechtfertigen kann und im neuen Kontext eine Richtigkeit eigenen Rechts begründet. Das fördert zwar nicht die Eindeutigkeit, hängt aber letztlich mit der Einheit der Wissenschaft zusammen. Die Zahl der Begriffe, die gerade wegen ihrer Analogieeigenschaft in Alltagssprache wie in wissenschaftlichen

Disziplinen – bei mitunter spezifischen Abwandlungen – fruchtbar verwendet werden, ist Legion. Sie reicht von A wie Ast bis Z wie Zahn. Ärgerlich ist allerdings der oftmals respektlose Umgang mit jenen Begriffen in den übernehmenden Diskursen. Dabei wird häufig über die Anstrengung, die der ursprünglichen Begriffsfindung vorausging, hinweggegangen und auf eine deutliche Ausarbeitung der kontextuellen Umdeutung verzichtet. Ein Beispiel hierfür ist die Verwendung des Begriffs Umwelt, dessen ubiquitärer Gebrauch in den meisten Fällen nichts mit seiner spezifischen Entdeckung durch Jakob von Uexküll (1921) gemein hat, aber von vielen Verwendern aus bloßer Attitüde mit ihm in Verbindung gebracht wird.

Das Ökosystem ist eine theoretische Vorstellung, ein aus der Kultur entwickeltes Konzept, ein Modell mit hinreichender Eigenschaft zur Abbildung dessen, was wahrnehmungsreduziert beobachtet werden kann, bei hinreichender Möglichkeit zur Voraussage künftiger Entwicklungsprozesse unter den Bedingungen bekannter Einflussfaktoren. Ein Baum ist ein reales, naturwissenschaftliches Ding, aber er ist, seit Menschen ihm einen Namen gegeben haben, eben auch und gleichzeitig ein kulturelles Konstrukt. Ernst Cassirer hatte die Grundlage dieser Doppeleigenschaft unter dem Eindruck der Umweltlehre Jakob von Uexkülls so formuliert:

Der Mensch kann der Wirklichkeit nicht mehr unmittelbar gegenübertreten; er kann sie nicht mehr als direktes Gegenüber betrachten. Die physische Realität scheint in dem Maße zurückzutreten, wie die Symboltätigkeit des Menschen an Raum gewinnt. Statt mit den Dingen hat es der Mensch nun gleichsam ständig mit sich selbst zu tun. So sehr hat er sich mit sprachlichen Formen, künstlerischen Bildern, mythischen Symbolen oder religiösen Riten umgeben, daß er nichts sehen oder erkennen kann, ohne daß sich dieses artifizielle Medium zwischen ihn und die Wirklichkeit schöbe (Cassirer 1996, S. 50).

1.3 Kausales und Objektives

Selbstverständlich bemühen sich (Natur-)Wissenschaftler um eine „objektive", um eine subtextbefreite Erklärung ihrer Gegenstände. Die darüber hinausgehende Tatsache, als Mensch über Angelegenheiten von Menschen offenbar nur in der Weise teilnehmender Beobachtung, aus *emischer* Perspektive, reden zu können, sollte nicht hindern, aus gegebenen Anlässen eine *etische* Beobachtungsperspektive einzunehmen, den Sachverhalt quasi unbeteiligt „von außen" zu betrachten. Dabei geben idealtypische Konstrukte oder ontologische Zuweisungen immer vor, aus etischer Perspektive zu reden. Das ist zwar eine seit Francis Bacon (1561–1626) behauptete Grundregel der neuzeitlichen

Wissenschaft (*de nobis ipsis silemus – von uns selbst schweigen wir*, Bacon 1620, S. 12), ist aber letztlich eine Selbsttäuschung. Bacon wies auf Denkfallen und Trugschlüsse (Idole) hin, die als biologische und soziale Vorurteile die menschliche Erkenntnis beeinflussten. Ob man den Dingen *objektiv* auf den Grund kommt, wie gern behauptet wird, darf bezweifelt werden. Jeder, der sich zu Wort meldet, auch wissenschaftlich, redet selbstverständlich (auch) von und über sich, mit dem menschlichen Hauptkommunikationsmittel, der Sprache. Sie zu Ent-Anthropologisieren wird nicht gelingen. Niemand wird bestreiten können, dass sich der Terminus „ökosystemare Dienstleistung" dem Anthropozentrismus verdankt, der mit Selbstverständlichkeit auch anthropozentrisch in die objektive Welt der Wissenschaft übernommen wurde.

Kaum jemand nimmt Anstoß, wenn ein Wissenschaftler das Leben von Ameisen oder Primaten erforscht, beschreibt und dann noch begründet, warum eines der beobachteten Tiere dieses oder jenes tut. Die Einordnung eines konkreten Verhaltens als Bestimmung seiner sozialen Funktionalität unterstellt dem verhaltenssteuernden Impuls eine reflexhafte oder motivationsgesteuerte Ursache. Reflexe sollen nach dem biologischen Grundmodell in mechanistischer Kausalität ablaufen und sind deshalb erkenntnistheoretisch wenig anspruchsvoll. Wenn jene Beobachter aber behaupten, die Motivationen der beobachteten Lebewesen zu erklären, dann wandeln sie ihre Position stillschweigend in die Erste-Person-Perspektive bzw. Subjektperspektive. Derartige Forschungserträge erscheinen plausibel und überzeugend, obwohl die Erkenntnistheorie Zweifel anmeldet bzw. die Möglichkeit des intersubjektiven Nachvollziehens von Empfindungen sogar bestreitet (in der modernen Naturwissenschaft und Philosophie vielfältig in der Qualia-Debatte vertretene Position, von Emil Du Bois-Reymond bis zu Thomas Nagel).

Das Dilemma der Lebenswissenschaften, zumindest derjenigen, die sich mit tierlichen Organismen befassen, ist spätestens seit Jakob von Uexkülls Entdeckung der Umwelt (1909/1921) offensichtlich (Mildenberger und Herrmann 2014). Die Lebenswissenschaften kommen ganz überwiegend nur über die Erforschung individueller Lebensäußerungen zur Ableitung idealtypischer Aussagen und ontologischer Zuweisungen. So entstehen verallgemeinernde Aussagen z. B. über *den* Elefanten, über *das* Löwenmäulchen oder über beispielsweise *den* normalen Blutdruck eines Menschen. Dass solche Aussagen zudem noch von der Betrachtungsskala abhängig und wegen der Komplexität der Gegenstände reduktionistische und abstrahierende Plausibilitätsaussagen sind, ist eine Einsicht, die die meisten Lehrbücher lebenswissenschaftlicher Fächer ihren Lesern stillschweigend als eigenständige Transferleistung abverlangen.

Das ist einerseits verständlich, weil hierbei die Prinzipien der alltagsweltlichen Orientierung zur Anwendung kommen. Nur die Verabredung, Aussagen und

Erkenntnisse, die auf bestimmte Weise gewonnen wurden, als „objektiv“ anzuerkennen, führt zu der gegenwärtig herrschenden szientifischen Welterklärung. Sie folgt den materialistischen Naturgesetzlichkeiten, die auch die menschliche Existenz in allen Lebens- und Erkenntnisbereichen limitieren. Kurz: wir haben ein anthropogenes Weltbild, von dem wir nur *annehmen* können, dass es Gründe seiner universellen Gültigkeit habe. Damit ist jene hinreichende Voraussetzung erreicht, die hier nur erwähnt, aber nicht weiterverfolgt werden kann: Das nicht-teleologische anthropische Prinzip unseres Universums, das bewusstseinsfähiges Leben ermöglicht (Lexikon der Physik o. J.).

Niemand werde die Existenz der Stadt London bestreiten, unabhängig davon, ob man sie sieht oder nicht. Man könne sagen, dass die klassische Physik jene Idealisierung der Welt darstelle, in der man über die Welt und ihre Teile sprechen könne, ohne dabei auf sich selbst Bezug zu nehmen (Heisenberg 2017, S. 57). Überraschend erweist sich auch das in dieser idealisierten Welt angesiedelte Baconsche Objektivitätsideal als skalenabhängig. Vor dem Hintergrund der Quantentheorie verschiebt sich nämlich die Aussagesicherheit über die sichtbaren Dinge der Welt, die wir als alltagstaugliche Objektivität begreifen. Aber nicht erst die Unmöglichkeit der Feststellung des Verhaltens eines atomaren Teilchens hat das Vertrauen in vermeintlich objektive Aussagen relativiert (Schrödingers Katze). Es war bereits aus der makroskopischen Welt der Lebewesen bekannt, dass eine zunehmende Aussagepräzision eine abnehmende Aussagerelevanz zur Folge hat. Der stillschweigend alltäglich praktizierte Übergang von objektiver Aussage zu ontologischer Zuweisung ist eine notwendige Vereinfachung bei der Bewältigung der organismischen Vielfalt. Die Ergebnisse der Untersuchung *eines* Lebewesens einer Art müssen aus rein praktischen Gründen bis auf Weiteres als objektive Aussagen über *die Art* gelten. Dass derartige Aussagen objektiv im Sinne einer Beobachterunabhängigkeit sind, wird wohl niemand mehr annehmen, der auch nur ein wenig in die Wissenschaftsgeschichte hineingeschaut hat. Freilich konnte das Wissen aus dritter Hand, also vom Hörensagen, das so lange die Weltkenntnis beherrschte, ohnehin nie objektiv sein. Albrecht Dürers Nashorn (1515), das ein zusätzliches Horn auf dem Rücken trägt, ist hierfür ein Beispiel. Die Gegenstandsbeschreibung „mit getreulicher Hand und ehrlichem Auge“ wird zwar bereits von den ersten Mikroskopikern zum Beobachtungsprinzip erhoben (Alpers 1998, S. 147 ff.), aber entscheidend war, was man zu sehen *glaubte,* z. B. kleine Menschlein in den Spermienköpfen, wie von den Animalkulisten behauptet. Noch bis zum Auslaufen der magischen Wissenschaftspraxis im Übergang vom 18. zum 19. Jahrhundert werden in den Lebenswissenschaften heute als unsinnig erkannte Mitteilungen gemacht (Daston und Park 2002). Es konkurrierten damals noch Texte, die es zwar vorgaben, sich tatsächlich aber auf keine sinnliche Wahrnehmung stützen konnten und deshalb für uns als Phantasmen gelten, zunehmend mit den Berichten über eine Welt konstanter Sichtbarkeit (Foucault 1985, S. 8). Schließlich wissen wir heute so viel über die Autonomie des Gehirns, dass es uns aus Mustern der Umgebung gleichsam Wahrnehmungsvorschläge macht, die sinnvoll in unsere Vorstellungen passen, die aber nicht der Realität entsprechen müssen. Man braucht nicht auf cerebrale Dysfunktionen zurückzugreifen, es genügt der Hinweis auf optische Täuschungen und scheinbare Wahrnehmungen vertrauter Strukturen am falschen Platz bzw. zu falscher Zeit. So, wie man z. B. manchmal aus dem Augenwinkel sein Haustier zu sehen glaubt, obwohl es nicht dort ist, weil eine Konfiguration von Farben und Formen zu einem entsprechenden Wahrnehmungsvorschlag des Gehirns führt, dann aber auch schnell als unzutreffend erkannt wird. Zugehörige Stichwörter wären Illusionen und Halluzinationen, die der Wissenschaft in einer überraschenden Zahl bekannt sind (Blom 2010). Wem allerdings die Hirnfunktionen noch unbekannt sind, wird entsprechend *glauben,* etwas gesehen oder erlebt zu haben, was tatsächlich nicht der Fall war, was aber durch seinen sicheren Platz in der eigenen Gedankenwelt nahegelegt wird. Wer jemals den tiefen Drohlaut seiner Katze gehört hat, wird sofort bereit sein, in ihr eine vom Höllenfürsten Besessene zu erkennen. Die Welt der Sinne und des Denkens ist keine jederzeit verlässliche Garantin des Objektiven im Sinne eines wirklich und tatsächlich verlässlich Wahrnehmbaren. Der nächstliegende Beleg hierfür ist das alltägliche Vorurteil.

Die vorstehenden Bemerkungen über Wahrnehmungstäuschungen, über Aussagepräzision und Aussagerelevanz sowie über den gleitenden Übergang von der objektiven Feststellung im Individualfall zur ontologischen Zuweisung, zum idealtypischen Verhaltensmuster für mehrere oder zahlreiche Individuen, gelten in nämlicher Weise auch für sämtliche Verhaltensweisen, insbesondere des sozialpsychologischen Verhaltens von Menschen. Selbstverständlich folgen sie nicht jener strengen Naturgesetzlichkeit wie die Planetenbahnen, aber am Ende jedes Verhaltens, jedes noch so komplexen Gedankens wie auch jeder Wahrnehmungstäuschung stehen materielle Prozesse, atomare Abläufe, die einer Naturgesetzlichkeit folgen. Selbst wenn man aus Gründen *spezifischer Komplizierung* noch Zuflucht beim Zufall suchen möchte, so folgt auch dieser der allgemeinen Naturgesetzlichkeit: *„Alles, was einmalig geschieht, steht gleichwohl in allen seinen Einzelbestimmungen unter allgemeinen Prinzipien. Es ist also nichtsdestoweniger auch die Wesensnotwendigkeit des streng Allgemeinen an sich. Dieses streng Allgemeine ist die Naturgesetzlichkeit“* (Hartmann 1980, S. 399–400).

1.4 Diversität als ökologische Anpassung

Kehren wir zur Eingangsfrage zurück und nähern uns der menschlichen Diversität aus etischer Perspektive. Die stammesgeschichtliche Entwicklung der heutigen Menschheit kann zwar auf mehrere Millionen Jahre zurückblicken, deren gegenwärtige globale Diversität ist aber insgesamt kaum älter als 200.000 Jahre, vielleicht auch nur rund 70.000 Jahre (Ambrose 1998). In einigen Regionen der Erde ist sie sogar gerade einmal einige tausend Jahre alt (z. B. Ozeanien).

Menschen leben heute erfolgreich in Gegenden, deren mittlere Jahresdurchschnittstemperatur zwischen –17 °C und +38 °C liegt. Sie leben in Höhenstufen zwischen dem Meeresspiegel und 5500 m. Die Siedlungsaktivität fällt oberhalb 4000 m und nahe den Temperaturextrema deutlich ab. Allerdings hängt das in erster Linie von der nahe den Extremen reduzierten Biomasseproduktion ab, auf die Menschen angewiesen sind. Menschen sind also eurytop, sie können Schwankungen lebenswichtiger Umweltfaktoren innerhalb weiter Grenzen ertragen, allerdings überwiegend indirekt durch das Abpuffern mittels kulturell erworbener Mittel (nicht im eigentlichen Sinne euryök). Sie verdanken ihr äußerliches Erscheinungsbild vor allem thermoregulatorischen Anpassungen, von der Haarform über die Hautfarbe bis hin zum Körperbautypus. Wie das phänotypische Erscheinungsbild basieren auch die physiologischen Eigenschaften von Menschen auf genetischen Grundlagen. Da Menschen in unterschiedlichsten Lebensräumen siedeln, ist es nicht verwunderlich, dass ihre genetischen Eigenschaften nicht gleichmäßig oder zufällig über die Lebensräume verteilt sind, sondern klare geografische Gradienten als Anpassungsfolgen aufweisen (Cavalli-Sforza et al. 1994). Diese Verteilungsunterschiede gehen v. a. auf Anpassungen an geografische Gegebenheiten und das Vorkommen von Parasiten und Krankheitserregern zurück. Dabei spielen auch Koevolutionen zwischen kulturellen Spezifika menschlicher Fortpflanzungsgemeinschaften, ihren genetischen Ausstattungen und naturräumlichen Determinanten eine erhebliche Rolle (Durham 1991).

Die Ausbreitungsgeschichte von Menschen aus ihrer afrikanischen Urheimat auf alle bewohnbaren Kontinente lässt sich heute gut nachvollziehen (Reich 2018). Ergänzen lassen sich diese Befunde durch historische Quellen. Diese haben wegen ihres relativ geringen Alters nur bedingten oder minimalen Aussagewert hinsichtlich genetischer Faktoren, geben aber Hinweise auf die kompensatorische Wirkung kultureller Errungenschaften beim Erschließen neuer Lebensräume, v. a. durch epigenetische Mechanismen.

Summarisch ist die heutige menschliche Diversität zurückzuführen auf die nicht selbstverständliche Fähigkeit eines afrikanischen Primaten zur allmählichen Anpassung an die jeweiligen Raumfaktoren der neu erschlossenen Lebensareale. Diese Raumfaktoren sind lebensbegrenzende wie lebensförderliche Determinanten der jeweils durchquerten oder besetzten Areale. Gemeinsam mit den jeweils praktizierten Fortpflanzungsmodalitäten, die unter sozialer Kontrolle erfolgen, erklären sie die genetischen Hauptunterschiede zwischen denjenigen heute lebenden Menschen, die aus Selbstzuweisung, aus wissenschaftlicher Zuschreibung oder aus beidem den Status abgrenzbarer bzw. abgegrenzter Fortpflanzungsgemeinschaften bilden.

Die Lebenswirklichkeit jedes Menschen wie jeder menschlichen Sozialgemeinschaft hängt nicht einfach additiv von den genannten Determinanten ab. Gegen Klimafaktoren mögen nämlich Behausungen oder Kleidung schützen. Man mag sich vom örtlichen Pflanzen- und Tierangebot ernähren. Gegen Parasiten und Krankheiten können Kräuter gefunden werden. Die Beispiele müssen nicht weiter geführt zu werden, um deutlich zu machen, dass die jeweils örtlich möglichen ökosystemaren Dienstleistungen und ihre faktische Erschließung einen erheblichen Einfluss auf die menschliche Diversität haben. Dort, wo das ökosystemare Angebot nicht ausreichend ist, kann ggfls. durch ingeniöse Lösungen eine Pufferkapazität bereitgestellt werden. Diese besteht jedoch tatsächlich nur in einer durch technisches Vermögen optimierten Nutzung örtlicher ökosystemarer Dienste. Nach wie vor gilt grundsätzlich, dass mit spezifischem Leben unvereinbar ist, wenn ein Lebensraum kein Dienstleistungsangebot bereithält, aus dem die Deckung der existenziellen Bedürfnisse eines Individuums bzw. einer Art erfolgen kann. Ob das Dienstleistungsangebot nach *natürlichen* ökosystemaren Dienstleistungen oder *kulturellen* ökosystemaren Dienstleistungen unterschieden wird, ist für die biologiewirksame Funktionalität der Dienstleistungen irrelevant. Beispielsweise wird die Nutzung pflanzlicher Drogen allgemein als kulturelle Leistung gesehen. Dass man sie auch bei anderen tierlichen Organismen beobachtet hat, ist bestenfalls für das Definitionskriterium von Kultur relevant. Entscheidend sind die Transformationsleistungen, die der Nutzung eines natürlichen Angebots zugrunde liegen.

1.5 Homo animalibus conturbator

Der Mensch ist den Lebewesen ein Störer. Einige umwelthistorische bzw. ökologiegeschichtliche Veröffentlichungen behaupten, dass Menschen grundsätzlich als Störer in Ökosystemen auftreten. Als Pauschalaussage trifft diese angebliche

Eigenschaft der Menschen letztlich auf alle Lebewesen zu. Alle Lebewesen stören andere in jenem lebensbegründenden Aushandlungsprozess um Permanenz bzw. in der Konkurrenz um die begrenzten Ressourcen. Dieser Prozess ist das Streben nach grundlegender Nachhaltigkeit im Naturgeschehen (Herrmann 2014). Zum anderen greift die genannte Störposition letztlich auf jenen kreationistischen Ausschnitt vom sechsten Schöpfungstage aus der biblischen Meistererzählung als Ursache des gegenwärtigen ökologischen Elends zurück, den Anfang also der *natura lapsa.* Heimliches Ideal scheint eine Welt ohne Menschen bzw. eine, in der Menschen nur im Rousseauschen Naturzustand vorkämen. Dabei ist doch längst geklärt, dass sich Lynn White (1967) und mit ihm viele Sympathisanten irrten, als sie „die Wurzeln der heutigen ökologischen Krise" in christlicher Weltauffassung gegründet sahen. Tatsächlich sind keine avancierten Kulturen resp. Hochkulturen und ihre Überzeugungssysteme bekannt, die über längere Zeiträume ökologisch nachhaltig existierten, wobei dies nicht nur auf intrinsischen Faktoren, sondern auch auf nicht steuerbaren externen Einflüssen beruhen konnte. Selbst menschenfreie Erdzeitalter wiesen Phasen hoher ökologischer Instabilitäten auf. Und man darf an die ökologischen Verschiebungen z. B. durch Kaltzeiten innerhalb des Quartärs erinnern, das für die Ausbreitung der Menschheit relevante geologische Erdzeitalter.

Es scheint fraglich, ob es überhaupt Kulturen gab, die in einem umfassenden, also idealen Sinn ökologisch nachhaltig waren oder sein konnten. Allenfalls traf eine ehemals mögliche, lang Phase ökologischer Stabilität zuletzt auf einzelne geografisch marginalisierte und kopfzahlenmäßig sehr begrenzte Kulturen im Übergang zwischen Schweifgebietsökonomie und örtlich zentralisierter Wirtschaftsweise zu, klimatische Stabilität vorausgesetzt. In dem Augenblick, in dem eine Kultur mit produzierender Wirtschaftsweise auf eine aktive Bevölkerungsbegrenzung und eine regionale Ausdehnung verzichtet, sieht sie langfristig ihrer eigenen Existenzbedrohung entgegen.

Das Bild der in eine harmonisch konzipierte Welt gestellten Menschen war auch lange in den Lebenswissenschaften ein vorherrschendes Verständnis. Menschen konnten zudem kraft wissenschaftlichen Denkens wahlweise in eine Lebenswelt hinein- bzw. herausgedacht werden. Teilweise handelt es sich um erkenntnisförderliche Vorstellungen, wenn etwa Verbreitungskarten der „potenziellen natürlichen Vegetation" erstellt werden, also Vorstellungen über das „Eigentliche" entwickelt werden. Die volatilen Eigenschaften der mobilen Tiere stehen entsprechenden faunistischen Verbreitungskarten im Wege. Und würde denn eine „Karte der potenziellen natürlichen Fauna", etwa Griechenlands, heute eine geographische Variante von *Panthera leo* (Löwe) enthalten? Wie fände man hier zum „Eigentlichen"? Vermutlich gar nicht. Denn dieses „Eigentliche" ist eine

Illusion, die in einer auf Evolutionsprozessen sowohl in Naturen als auch Kulturen beruhenden Welt immer nur durch den *status quo* gegeben ist. Zumindest die Welt der Lebewesen ist, in Anlehnung an David Hume (1711–1776), wie sie ist und nicht wie sie sein könnte oder soll. Das Prinzip einer produzierenden Wirtschaftsweise beendet die Existenz einer sich selbst überlassenen Natur. Mit den Neolithischen Revolutionen setzen Biodiversitätslenkungen und Biodiversitätsverdrängungen in allmählich zunehmend irreversibler Weise ein. Wachsende Bedeutung erhält damit auch der ingenieurtechnische Umgang mit der Natur, in der ihr von Menschen Zügel angelegt oder sie aus ihrem natürlichen Lauf gezwungen wird {„*Also teilt sich die natürliche Historie in die Historie der Zeugungen* [gemeint ist die natura naturans], *Misszeugungen* [Fehler der Natur, v. a. Elementarereignisse] *und der Künste, welche letztere man auch die Mechanik und die erfahrende Naturlehre* [manipulierte Natur] *zu nennen gewohnt ist. Die erste derselben behandelt die Freiheit der Natur, die zweite die Fehler, die dritte die Bande*“ Bacon 1623, Lib II, Cap II, S. 79. Einschübe in [..] vom Verf.}. Es sind die von Bacon so genannten Bande, die in erster Linie als tierliche und pflanzliche Züchtungen und als räumliche Organisation menschlichen Handelns das gegenwärtige Bild der Erde in erheblichem Maße beherrschen.

Zu den – offensichtlichen, wenn auch nur scheinbaren – Spezifika der Menschen gehört damit, dass sie ihre Umgebung verändern können. Tatsächlich beeinflussen alle Lebewesen ihre Umgebung, wenn auch in unterschiedlichem, skalenabhängigem Maße. Es ist eine zentrale Einsicht der gegenwärtigen Biologie, dass sich die Lebewesen eines Lebensraums wechselseitig bedingen und dass die einzelnen Arten als Folge dieser wechselseitigen Bedingungen ihre spezifische ökologische Nische in Selbstorganisation hervorbringen, „konstruieren“ (Kendall et al. 2011). Noch komplizierter wird es durch die aktuellen Einsichten der Biologie in die Wechselwirkung zwischen einer Landschaft und der Genetik der in ihr vorhandenen Lebewesen. Zwischen beiden besteht ein enger Zusammenhang, wie die Forschungserträge der neuen *Landscape Genetics* aufzeigen (z. B. Balkenhol et al. 2016). Womit die Fragen von Nischenkonstruktion, Determinismus, Ausrottung oder Lebensraumveränderung von Pflanzen und Tieren, mit und ohne anthropogene Anteile, deutlich erschwert werden. Welchen ursächlichen Anteil die anthropogenen Veränderungen auf eine Landschaft und auf die in ihr vorhandenen Lebewesen haben, zeichnet sich gegenwärtig erst in Ansätzen für einzelne Modellorganismen ab, wenn man von den vordergründigen Beispielen der offenkundigen Umweltzerstörung absieht.

Menschen vermögen ihre Umgebung vielfältig zu gestalten, sie bewegen Teile der Erdoberfläche mittlerweile in einem größeren Ausmaß als die bekannten Naturgewalten (Zalasiewicz et al. 2008, S. 5) und produzieren so im wahrsten

Wortsinn „Weltbilder“. Menschen greifen in die Naturkreisläufe ein, verändern oder zerstören diese in einem Ausmaß, das zu größter Besorgnis Anlass gibt (diess. a. a. O.), sofern man sich nicht auf eine konsequente evolutionistische Position beruft und die Auffassung vertreten will, dass es sich dabei um Folgen der naturbedingten Evolutionen handelt. Die könnten schließlich auch die Möglichkeit beinhalten, dass eine entsprechend begabte Art ihre eigene Lebensgrundlage zerstöre.

Das gigantische Ausmaß der Beeinflussung der Naturkreisläufe ist die Folge eines Handlungsexzesses. Handlungsexzesse sind kein menschliches Spezifikum. Tatsächlich sind sie unter den handlungsbegabten Organismen, also im Tierreich, zahlreich. Dort werden sie allererst von einzelnen oder mehreren Individuen einer Art begangen und auch von einzelnen oder mehreren Individuen erlitten, werden aber in der Regel dem naturgewollten Handlungsrepertoire der initiativen Art zugerechnet. Die Reichweite derartiger Exzesse ist absolut begrenzt und wird von ökosystemarer Resilienz aufgefangen.

Handlungsexzesse von Menschen unterscheiden sich davon, sofern man sie eben nicht als Möglichkeit des rigorosen Evolutionismus akzeptiert, sondern sie stattdessen auf eine metaethische Ebene bezieht (*„Der Mensch tritt dem Naturstoff selbst als eine Naturmacht gegenüber.“* Marx 1968, S. 192). Während für alle übrigen handlungsbegabten Organismen eine Verbindung von Sein und Sollen abzulehnen ist, orientieren sich menschliche Handlungen an normativen Regeln eines kulturabhängigen Sozialverhaltens, das sich auf Einsichtsfähigkeit und Folgenabschätzung von Handlungen gründet. Menschliche Handlungsexzesse unterscheiden sich damit von denen anderer Organismen und weil sie als Kollektivverhalten gesamter menschlicher Bevölkerungen auftreten können. Dann haben sie weitreichende, ggfls. globale sowie teilweise fatale Folgen für (andere) menschliche Bevölkerungen, für nichtmenschliche Artenspektren, für Umweltmedien und Elemente der unbelebten Natur. Unter dem Handlungsexzess von Menschen wie von menschlichen Kollektiven wird in dem hier behandelten Zusammenhang dasjenige ökologisch folgenreiche Verhalten verstanden, das über die für bloße Lebenserhaltung erforderlichen Handlungen hinausgeht, dabei eigenes wie fremdes soziales Regelwerk sowie den nachhaltigen Umgang mit den Umweltressourcen missachtet, und das materielle *desire for gain* (David Hume) zum individuellen wie kollektiven Handlungsprinzip erhebt (dies schließt kriegerische Handlungen ausdrücklich mit ein). Obwohl ein dringender globaler Regelungsbedarf für dieses Verhalten besteht, das abträglich für die allgemeinen Lebensgrundlagen ist (gewaltsame Zerstörung von Sozialgemeinschaften, Klimawandel, Umweltverschmutzung, Biodiversitätsverdrängung u. a. m.), mangelt es an Willen zur Einschränkung der benannten Exzesse.

Im „Aufstand der Massen“ stellt José Ortega y Gasset den historischen Fall einer entgleisten Festveranstaltung mit einem Zitat aus Juvenal, Satiren 8: 83–84, in einen umwelthistorischen Zusammenhang: *propter vitam vivendi perdere causas* und übersetzt *por afán de vivir, a destruir las causas de su vida* (in der dtsch. Übers.: *aus Lebensbegierde die Grundlagen ihres Lebens zu zerstören* (Ortega y Gasset 1964, S. 42). Ortega hat die moralische Bewertung Juvenals allerdings im Sinne materieller Folgen menschlicher Handlungsexzesse umgedeutet. Diese Umdeutung erweist sich auf fatale Weise als prophetisch: Aus Lebensbegierde scheinen Menschen in der Gegenwart bereit, gleichgültig oder blind gegenüber den ökologischen wie sozialen Folgen einer bloßen Zerstörungswut bzw. eines grenzenlosen *desire's for gain* die Grundlagen des natürlichen Lebens für sich und viele andere biologische Arten dauerhaft zu gefährden oder sogar zu beseitigen.

1.6 Eine Lehrbuchdefinition

Die Wissenschaft definiert ein Ökosystem als

> Beziehungsgefüge der Lebewesen untereinander(→ Biozönose) und mit ihrem Lebensraum (→ Biotop). Ein Ö. ist durch Struktur und Funktion charakterisiert. Die Struktur ist beding 1) physikalisch durch die Gliederung des Raumes, 2) chemisch durch die Menge und Verteilung der anorganischen und organischen Stoffe, 3) biologisch durch das Spektrum der Lebensformen, das Verknüpfungsgefüge der Arten, die Ernährungsstufen (→ trophische Ebene) der → Produzenten, → Konsumenten und → Reduzenten (→ Nahrungskette, → Nahrungsnetz). Die Hauptfunktion eines Ö. s liegt im Kreislauf der Stoffe und dem damit verbundenen Energiefluss (Abb.). Im Ö. ablaufende Prozesse(„Ökosystemprozesse“) werden durch Organismen gesteuert; diese „Informationsflüsse“ können aus interorganismischen Wirkungen (Interaktionen) und aus Wechselwirkungen zwischen Organismen und Umgebung bestehen. Ö. e als ökologische → Systeme sind stets offen und haben bis zu einem gewissen Grade die Fähigkeit zur → Selbstregulation; es gibt aber auch stark → abhängige Ökosysteme. Vgl. → Biogeozönose (Schaefer 2012, S. 204–205).

Diese Definition ist durch ihre Setzungen der archimedische Punkt (das Objektive), auf den (das) sich die Wissenschaft beziehen kann. Sie stellt jene weiter oben erwähnte Idealisierung der Welt dar, in der man über diese und ihre Teile sprechen kann, ohne dabei auf sich selbst Bezug zu nehmen.

Überraschend ist die Hauptfunktion eines Ökosystems in dieser Definition nicht ausdrücklich erwähnt. Sie liegt in der Deckung von Lebensansprüchen. Diese sind das strukturelle Bedürfnis, das Apriori, eines Lebewesens. Die Summe der Lebensansprüche und ihr Erfüllungsraum bilden das spezifische ökologische Anspruchsgefüge eines jeden Lebewesens, welches unhintergehbar nur innerhalb eines Ökosystems bereitgestellt werden kann. Und nur unter den Bedingungen des Systems ist eine Verstetigung der lebensbegründenden Prozesse und der Bedürfnisdeckungen möglich. *Diese Verstetigung ist das intrinsische Prinzip, auf das alle Lebensvorgänge ausgerichtet sind und das als ökosystemare Dienstleistung die eigentliche und grundlegende Nachhaltigkeit aller Lebensprozesse darstellt* (Herrmann 2014, S. 22). Umgekehrt verdankt sich das Ökosystem selbst nur der Tatsache, dass seine Lebewesen in ihm verstetigt existieren. Das System bringt sich selbst hervor. Anders ist dies bei den anthropogenen Ökosystemen der Landwirtschaft, die der beständigen Kolonisierungsarbeit bedürfen, weil sie sonst durch nichtanthropogene ökosystemare Sukzessionen ersetzt würden. Seitdem ist „Arbeit" endgültig als Zentrum menschlichen Selbstverständnisses etabliert. Sie verdrängt(e) mit ihrem Verhaltensleitbild Produktivität die Ökologieverträglichen Säulen der steinzeitlichen Lebenseinstellunf von Unterproduktivität und Mußepräferenz (Sahlins 1972; Groh 1992).

Vom Ökosystem konkret wahrnehmbar ist einmal der/das Biotop, der *„Lebensraum: die Lebensstätte einer Lebensgemeinschaft(→ Biozönose) von bestimmter Mindestgröße und einheitlicher, gegenüber seiner Umgebung abgrenzbarer Beschaffenheit (z. B. Hochmoor, Meeresstrand, Höhle, Teich, Buchenwald)…"* (Schaefer 2012, S. 43).

Die *Lebensgemeinschaft (Biozönose),* neben dem Biotop die zweite direkt wahrnehmbare Konstituente des Ökosystems, ist ein *„gemeinsames Vorkommen von Arten (Pflanzen, Tiere, Mikroorganismen) die zufällig oder wegen biologischer Beziehungen zusammentreffen, sich infolge ähnlicher Umweltansprüche und einseitiger oder gegenseitiger Abhängigkeit in dem betreffenden Lebensraum (→ Biotop) halten können und in erster Linie durch trophische Beziehungen verknüpft sind. […] Der Begriff wurde von Möbius [Karl August M., 1877] geprägt: ‚Gemeinschaft von lebenden Wesen, eine den durchschnittlichen äußeren Lebensverhältnissen entsprechende Auswahl und Zahl von Arten und Individuen, welche sich gegenseitig bedingen und durch Fortpflanzung in einem abgemessenen Gebiet dauernd erhalten'"* (Schaefer 2012, S. 44).

Ein Ökosystem ist also eine gedankliche Zusammenführung: von direkt und unmittelbar wahrnehmbaren örtlichen Beschaffenheiten, den dort vorkommenden Lebewesen und den durch analytische Aufklärungen, experimentelle Überprüfungen und begründeten wie spekulativen Annahmen erkannten funktionalen Zusammenhängen zwischen diesen Elementen. Es ist eine Bezeichnung für ein wissenschaftliches Modell. Im Gegensatz zu vielen anderen Modellen der Wissenschaft ist Ökosystem ein Terminus für eine durch evolutiven Wandel mögliche, variierbare Konfiguration seiner Systemelemente. Beispielsweise bilden Biotop und Biozönose eines Waldes ein Ökosystem. Tatsächlich variieren Artenzusammensetzung und Individuenhäufigkeit – und damit die inneren funktionalen Bezüge – über die Zeitläufte eines solchen Ökosystems. Deshalb wird einem Ökosystem eine Reihe von Zusatzeigenschaften zugewiesen, wie Konstanz, Resistenz, Zyklizität und Resilienz.

Anders formuliert: ein Ökosystem bleibt ein Ökosystem (wenn auch nicht eigentlich dasselbe) trotz einer möglichen Änderung des Artenspektrums (also trotz eines inneren Wandels), sofern (umfängliche) funktionelle Bezüge zwischen den Lebewesen und den örtlichen Umweltbedingungen bestehen (bleiben). Noch anders formuliert: der Terminus Ökosystem ist eine begriffliche Hülse (die Hypodoche), deren Inhalt als „Beziehungsgefüge“ angegeben wird. Sofern man von Zwei- oder Drei-Komponentensystemen absieht (die eigentlich wegen der beteiligten Mikrobiome überhaupt nicht existieren), und für die auch niemand Vernünftiges den Ausdruck Öko*system* verwenden würde, ist ein solches Gefüge wegen seiner hohen Anzahl von Beziehungen, die ihrerseits ein so hohes Ausmaß von Komplexität aufweisen, in seiner Totalität nicht beschreibbar. So gesehen, bedarf der Begriff jeweils einer inhaltlichen Konkretisierung. Diese ist willkürlich, da sich alle Ökosysteme der Erde zu immer komplexeren Systemen und am Ende zu einem Gesamtökosystem zusammendenken lassen.

2 Über das Ökosystem

In den Vorbemerkungen wurden überwiegend technische und erkenntnistheoretische Hinführungen und Aspekte eines Ökosystems angesprochen, die mit dem unmittelbaren Lebensraum eines Lebewesens wenig zu tun haben, teilweise sogar nur als gedankliche Voraussetzungen des Erkenntnisprozesses. Wissenschaftssystematisch müsste die Frage nach den Anfängen jedes ökosystemaren Prinzips eigentlich mit jenen universellen Bedingungen beginnen, die unter dem Begriff des anthropischen Prinzips, den Naturgesetzen und den Naturkonstanten subsumiert sind, hier aber nicht verfolgt werden.

In Hinwendung zu den existenziellen und praktischen biologischen Fragen stellt ein Ökosystem für alle sich in ihm aufhaltenden Lebewesen eine bloße Umgebung, von der wiederum Ausschnitte eine bisher nicht erwähnte besondere Bedeutung für den Organismus haben. Für denjenigen Ausschnitt der ökosystemaren Umgebung, der das Subjekt in irgendeiner Weise angeht, der ihn beeinflusst und auf den es rückwirkt, hatte Jakob von Uexküll (1864–1944) den Begriff der „Umwelt" gefunden. Karl Friederichs (1943, S. 156) präzisierte das uexküllsche Konstrukt mit Zustimmung des Entdeckers der Umwelt als: *„Die […] Umwelt ist der […] Komplex derjenigen Außenfaktoren, mit denen das Lebewesen in direkter oder konkret greifbarer indirekter Beziehung, großenteils in Wechselwirkung, steht und die zum Teil dessen Leben bedingen."*

Das Verständnis geht über einen materiellen Austausch hinaus, wenn Friederichs (a. a. O.) die Umwelt als den *„Weltzusammenhang in Bezug auf ein Lebewesen"* darstellt. Insbesondere sind auf der Umweltebene die ästhetischen, emotionalen und spirituellen Eindrücke und Zuschreibungen verortet, die mit ontologischen Qualitäten der Natur verbunden werden.

B. Herrmann, *Das menschliche Ökosystem*, essentials,
https://doi.org/10.1007/978-3-658-24943-4_2

2.1 Die Entdeckung der Umwelt

Bei „Umwelt" handelt sich vordergründig um ein Raumkonzept, das schon vom Biologen und Geografen Friedrich Ratzel (1844–1904) vorgedacht war (Herrmann und Sieglerschmidt 2017, S. V), bevor Uexküll ihm einen spezifisch biologischen Inhalt verlieh und den seit ca. 1800 geläufigen Begriff der Umwelt (auch: Milieu) zu einem Fachausdruck eigener Bedeutung machte. Bei Ratzel wie bei Uexküll geht es auf verblüffend ähnliche Weise um die Grundidee eines jedem Lebewesen *individuell* zukommenden Raums, den Uexküll im Anschluss an Kant für die Biologie als einen *individuellen Erlebnis- bzw. Existenzraum* definiert. Das Lebewesen trage diesen individuellen Existenzraum beständig mit sich herum, eine Vorstellung, die sich ähnlich bereits in der Überlegung des Simplikios über die Qualität des Ortes findet, den sich der Neuplatoniker als mit dem Subjekt mitbewegt denkt (Sorabji 1992, S. 3–4). Gleichsam, so Uexküll, als befände sich das Lebewesen im Zentrum einer Seifenblase (Herrmann 2019). In diesem Raum nehme das Lebewesen ausschließlich jene Dinge oder Abläufe wahr, die seinem Wahrnehmungsapparat äquivalent und im jeweiligen Moment für das Lebewesen von Bedeutung wären und auf die er ausschließlich mit seinen spezifischen Reaktionsmöglichkeiten reagieren könne. Das heißt, auf Dinge bzw. Begebenheiten, die ohne Belang für das Individuum sind, würde das Lebewesen nicht reagieren. Mehr noch, es gäbe Zeiten (Tages- wie Lebenszeiten), in denen sich Umwelten für ein Lebewesen verändern könnten, wenn Teile von ihnen aus der Wahrnehmung herausfallen würden, wenn z. B. nach der Stillung des Hungers jagdbare Objekte unbeachtet blieben (Mildenberger und Herrmann 2014, S. 62–67). Der Zusammenhang mit den psychologischen Phänomenen der Verteilung von Aufmerksamkeiten, Interessen und Affekten gegenüber einem *besetzten Objekt* (Sigmund Freud) ist heute unübersehbar.

In der Welt des Regenwurms gibt es entsprechend nur Regenwurmdinge, in der Welt der Libelle nur Libellendinge usw. (ebd., S. 63). Dabei erweise es sich, dass das Lebewesen *in* seinen Raum (nicht *an!*) und dessen Anforderungen optimal eingepasst sei. Die Umwelt ist nach Uexküll eine „Eigenwelt", die vom Lebewesen im jeweiligen Moment *gelebt* wird, und deshalb von niemandem sonst als *dieselbe* Umwelt *erfahren* werden könne. Der Begriff umfasse nur jene Beziehungen zur Außenwelt, die *er-lebt* werden und dadurch das Weltbild des betreffenden Wesens ausmachten. Damit war Umwelt als subjektive, individualistische Kategorie festgelegt, der Begriff mit einer Bedeutung belegt, die vom

Umgebungsbegriff der Alltagssprache wie dem späteren (heutigen) Umweltbegriff der Ökologen verschieden ist.

Uexkülls Vorstellung schließt an Überlegungen Immanuel Kants an. Sobald wir uns der Naturbetrachtung zuwenden, tragen wir – neben anderen subjektiven Bewertungen der Natur als Totalität alles Existierenden – notgedrungen Raum und Zeit als die elastischen Rahmen mit hinzu, welche die jeweils vorhandene Menge der Erscheinungen vollständig umfassen und in die wir alle Dinge, große und kleine, ferne und nahe, vergangene und künftige einordnen. Sie sind Formen unserer Anschauung. Das ist, nachdem sich Kant im Vorwort zur zweiten Auflage seiner Kritik der reinen Vernunft ausdrücklich auf Bacons Vorwort zur INSTAURATIO MAGNA bezog, und vor dem Hintergrund der Baconschen Idolen-(Vorurteils- bzw. Erkenntnisfehler-)Lehre, nicht überraschend (Bacon, 39. Aphorismus im Novum Organum, Bd. I).

Die Eigenschaften aller Dinge, so auch Uexkülls Überzeugung, gehören nicht ihnen an, sondern sind lediglich von uns hinausverlängerte Sinnesempfindungen. Gerade soweit der Schatz unserer Empfindungen reicht, soweit reiche auch der Schatz der Eigenschaften aller Dinge. Anders ausgedrückt, werden Raum und Zeit und alle übrigen Eigenschaften der Dinge letztlich nur von einem sinnesbegabten Organismus hervorgebracht und wahrgenommen. Nichtwahrnehmung bedeutet Nichtexistenz (siehe anthropisches Prinzip). In einer organismenfreien Welt existiert nichts, weil es kein Bewusstsein gibt, dass die Existenz reflektieren könnte. Denn „es ist nichts im Verstande, was nicht vorher in den Sinnen war", wie es John Locke (1632–1704) als Grundposition des Sensualismus formulierte.

Im Rückgriff auf Kant wird die Grundposition des uexküllschen Umweltbegriffs verständlicher. Die Umwelt Uexkülls ist demnach ein *Zustandsmoment* im Organismus und dessen Reaktion eine Folge des Zusammenspiels zwischen diesem und der spezifisch von ihm wahrgenommenen Elemente der Umgebung, also eine Wechselwirkung. Mit seiner Umwelt stehe der einzelne Mensch nicht nur mittels seiner Sinneswerkzeuge, die eben das Merken ermöglichen, in Verbindung, sondern auch dank seiner Handlungswerkzeuge, die ihn mit seiner *Wirkungswelt* verbinden. *„Merkwelt und Wirkungswelt bilden gemeinsam die Umwelt"* (Uexküll 1922, S. 266).

Der erkenntnistheoretische Aufwand, der für das Verständnis von Uexkülls Einsicht betrieben werden muss, reduziert sich am Ende auf eine mechanistisch-materialistische Grundkonstruktion, wie sie in seinem Funktionskreis-Modell zum Ausdruck kommt (Mildenberger und Herrmann 2014, S. 62 ff.). Uexküll war schließlich Physiologe. Allerdings beinhaltet der

Umweltbegriff Uexkülls komplexe Vorstellungen nicht nur über das Verständnis von Zeit, Raum und Ort, sondern auch über subjektive Erlebnisqualitäten.

Uexküll hat den bis dahin wenig verwendeten Begriff „Umwelt" zur Abgrenzung seiner spezifischen Akzentuierung gegen den „Milieu"-Begriff, der damals in den Wissenschaftsbereichen üblich war, benutzt. Für Uexkülls Entdeckung war ihre Rezeptionsgeschichte mit einer Umdeutung verbunden. Einer sich an den exakten Wissenschaften orientierenden Biologie musste unerträglich sein, nur individuelle Varianzen erforschen zu sollen, statt pars-pro-toto Aussagen zu machen. Auch Uexküll hat diesen Widerspruch zu seinen physiologischen Grundaussagen nicht aufgelöst. Letztlich will die Biologie idealtypische Aussagen über Lebewesen machen und nicht auf Einzelaussagen über die Vielzahl der organismischen Individuen begrenzt sein.

Die Idee der Umwelt erwies sich ab den späten 20er Jahren als fruchtbar für die Biologie. Uexkülls Kritiker haben lange über das Für und Wider des uexküllschen Umweltbegriffs gestritten, bis eine Akzeptanzformel gefunden war, wobei es letztlich tatsächlich um die Herausarbeitung des Umweltbegriffs für die Ökologie ging. Wurde den weitreichenden Implikationen des Umweltbegriffs zunächst noch mit der Formel *Weltzusammenhang in Bezug auf ein Lebewesen* entsprochen, ist Umwelt heute schließlich *„dasjenige außerhalb des Subjekts, was dieses irgendwie angeht"* (Friederichs 1950, S. 70).

Das war die Übernahme der Deutungshoheit über den Umweltbegriff als neuer Kategorie der Ökologie und die endgültige Marginalisierung des uexküllschen Konzepts in der Biologie. Für Uexküll war Umwelt ein Pluralbegriff. Jedes Lebewesen, jede Art hätte seine bzw. ihre spezifische Umwelt, sodass die Welt voller unzähliger Umwelten wäre. Als andere Biologen, namentlich die Ökologen, die grundsätzliche Nützlichkeit eines Umweltkonzeptes entdeckten, operationalisierten sie Umwelt durch Hypostasierung. Sie begannen, anstelle der von Uexküll gemeinten, primär innenweltlich erlebten Umwelt, die Außenwelt der Organismen zu vermessen und benannten diese Verdinglichungen fortan „Umwelt" (Friederichs 1943, S. 1950).[1] Heute wird „Umwelt" in den Naturwissenschaften

[1]Ausführlicher in Mildenberger und Herrmann (2014); Herrmann (2018); Herrmann und Sieglerschmidt (2016, 2017, 2018). Eine historische Gebrauchsanalyse der Begriffe Umwelt, Umgebung und Milieu bei Leo Spitzer 1942. Erweiternde Aspekte der Begriffe Umwelt und Milieu werden in einem Aufsatz von Canguilhem (2009, S. 233–279) erörtert, der an ihnen philosophische Implikationen der Biologie thematisiert und faktisch Uexkülls Auffassung vertritt, heute aber als teilweise überholt gelten muss.

als Bündelung prinzipiell messbarer Parameter operationalisiert, aber sie kommt in den Biowissenschaften nach wie vor im Plural vor.

Gegenüber dem biologischen Umweltbegriff, der auf die funktionellen Beziehungen zwischen konkreten Lebewesen und ihren konkreten Umgebungselementen zielt, hat der umgangssprachlich verwendete Umweltbegriff eine völlig andere Qualität: Als das öffentliche Bewusstsein in den 60er Jahren die Bedrohung der natürlichen Ressourcen, Biome und Ökosysteme durch den allgemeinen Naturverbrauch und die Immissionen v. a. des produzierenden Gewerbes wahrnahm, griff man auf den lebenswissenschaftlich besetzten Umweltbegriff zurück. Mit der Erhebung der Ökologie zu einer Heilungsdisziplin wurde Umwelt zugleich als ökologische Kategorie mit ihrer Bedeutung übernommen. Die Einsicht, dass in dem System Planet Erde letztlich alles irgendwie mit allem verbunden ist, zumindest im Geltungsbereich der Naturgesetzlichkeiten, ebnete dem rhetorisch verkürzenden Zugriff auf die ökologische Kategorie Umwelt den Weg als Synonym für eine alles umfassende Natur. Sie ist zu einem nur im Singular vorkommenden Totalitätsbegriff geworden, zu einem Synonym für *die Natur.* Sie ist keine hervorbringend-schöpferische Natur *(natura naturans)* mehr, sondern zu einem bloßen Umgebungsbegriff geworden, mit dem summarisch alles bezeichnet wird, wovon im weitesten Sinne das Leben organisch abhängt.

Diejenige allgemeine Umgebung, die als Umwelt einmal die ursprüngliche Bedeutung des Wortes ausmachte, war zumindest im deutschen Sprachraum, längst keine *spezifische* Vokabel der Lebenswissenschaften mehr. Und dasjenige, was von außerhalb Bezug auf das Subjekt *Mensch* nahm und ihn in irgendeiner – nicht primär physiologischen – Weise anging, wollte Edmund Husserl als Lebenswelt bezeichnen, vermutlich als eine Reaktion auf die Diskussion um Uexküll zu Beginn der 20er Jahre. In deren Folge hatte sich eine eigene Debatte der Philosophen eingestellt. In dieser ist der alte Umgebungsbegriff als vorgegebene, unhinterfragte Alltagswelt rudimentär erkennbar. Dafür nimmt der Weltbild-Aspekt, der im Uexküllschen Verständnis angelegt ist, dort noch einen breiten Raum ein, ohne, dass der Anschluss hergestellt würde.

Bedeutend ist, dass Uexküll mit seiner Feststellung einer vom Individuum gelebten Eigenwelt, die von niemandem geteilt werden könne, an ein altes Grundproblem der Naturwissenschaft wie der Philosophie herangerückt ist. Nämlich, wie man Empfindungen und Erlebnisqualitäten, wie man die Existenz des phänomenalen Bewusstseins, bzw. subjektive Erlebnisqualitäten, sogen. Qualia, erklären könne. Qualia stellen ein Kardinalproblem dar, denn die Vermittlung der Erste-Person-Perspektive (subjektive Erfahrung) an andere ist unmöglich (Heckmann und Walter 2001). Tomas Nagel hat mit seiner Frage, wie es sich anfühle *(what it is like?),* eine

Fledermaus zu sein, die Erklärungsgrenze festgelegt, indem er die Unmöglichkeit der Beantwortung dieser Frage betonte (Nagel 1974).

Der Zusammenhang zwischen Umwelt und Ökosystem ist einfach und komplex zugleich. Die Umwelt ist derjenige Ausschnitt aus dem Ökosystem, mit dem ein Organismus über materielle wie immaterielle Beziehungen steht, bzw. *dasjenige außerhalb des Subjekts, was dieses irgendwie angeht.* Es wird sich also damit als eine Frage der Reichweite menschlicher Empfindungen, Wahrnehmungen und Handlungen erweisen, wie die menschliche Umwelt und damit das menschliche Ökosystem aufzufassen ist.

2.2 Henne und Ei

Als erstes Element des menschlichen Ökosystems muss jene Umwelt gelten, die für die Zygote, dann den Embryo und später den Fetus besteht. Die Entwicklung der befruchteten Eizelle folgt zwar grundsätzlich dem genetisch fixierten Programm, ist aber gegenüber modifikatorischen Einflüssen aus der Umwelt sensibel. Die intrauterine Phase ist einer der Lebensabschnitte, der durch die fetale Programmierung für epigenetische Modifikationen am empfänglichsten ist. Beispiele sind teratogene, durch Umweltfaktoren verursachte Fehlbildungen, auch die spätere Vorliebe für bestimmte Düfte und Geschmacksnoten, die mindestens teilweise durch mütterliche Präferenzen angelegt werden oder die Entstehung von intrauteriner Drogensensitivität bei entsprechendem Konsum durch die Mutter. Pränatale Belastungen der Mutter haben Folgen für das spätere Immunsystem des Kindes, das intrauterin auch bereits die Artikulationsmuster der Muttersprache hörend aufnimmt.

Die Bereitstellung des mütterlichen Organismus für die fetale und embryonale Entwicklung ist die erste fundamentale Dienstleistung des konkreten Ökosystems für einen Menschen. Sie ist die vielleicht am wenigsten kulturell beeinflusste Bereitstellung, wenn man von sozialen Regelungen für Konzeptionen, das Austragen von Schwangerschaften und für die Erreichbarkeit von Nahrungsmitteln für die Mutter absieht.

Mit der Geburt wird der Mensch in ein denkbar komplexeres Ökosystem entlassen, das nun in einer derart totalen Weise auf ihn zugreift, die seine auf dem Genom beruhende Identität in massiver, wenn auch längst nicht hinlänglich bekannter Weise beeinflusst. Die Übernahme von Antikörpern durch die Muttermilch, die Steigerung kognitiver Fähigkeiten des Kindes durch mütterliche Zuneigung, sind Beispiele vieler Dienstleistungen, deren Aufzählung hier nur angedeutet bleiben kann.

Unmittelbar nach der Geburt beginnt die Besiedlung der Körperoberfläche und aller von außen zugänglichen Hohlorgane mit Mikroorganismen.

Diese Mikroorganismen bilden das sogenannte *Mikrobiom*. Allgemein sind Mikrobiome Lebensgemeinschaften von Bakterien, Archaeen, Pilzen, weiteren Einzellern und biologisch wirksamen Partikeln in einem bestimmten Lebensraum. Derartige Lebensgemeinschaften besiedeln die äußerlichen und zugänglichen Körperoberflächen der Menschen in Form von Biofilmen. Der größte Anteil des Mikrobioms konzentriert sich als *Mikrobiota* in den inneren Organen, vor allem im Verdauungstrakt (Reinhardt 2017). Dort besiedeln etwa 500 bis 1000 Bakterienarten das Darmrohr, dessen Lumen als Fortsetzung der den Körper äußerlich umgebenden Umwelt anzusehen ist. Für den erwachsenen Menschen wird die Gesamtzahl der ihn besiedelnden Mikroorganismen mit 10^{14} angegeben, sie liegt eine Größenordnung über derjenigen der originär menschlichen Zellen (10^{13}). Hinzu kommt eine unbekannte Zahl zellenloser biologisch aktiver Partikel (Viren, Prione). Ein Mensch ist also mehrheitlich und in erster Linie ein von Mikroorganismen besiedelter Wirtskörper.

Menschen leben mit ihrem Mikrobiom im Normalfall in Symbiose, einem Mutualismus, in einer Lebensgemeinschaft wechselseitigen Nutzens. Das Mikrobiom unterliegt auch kulturellen Einflüssen (z. B. ausgeübte Tätigkeiten, Ernährung, Hygiene, rituelle Handlungen). Die Vorteile des Mikrobioms für Menschen sind erst ansatzweise aufgedeckt. Beispielsweise hat der mikrobielle Biofilm auf der Haut schützende Wirkung, die Darmflora hilft beim Nahrungsaufschluss und der Aufnahme von Mikronährstoffen.

Die Einflussmöglichkeiten der Mikrobiota auf das enterische Nervensystem (ENS) sind weitestgehend ungeklärt, aber offenbar weitreichend. Es besteht Gewissheit darüber, dass neurotrope und psychotrope Stoffwechselprodukte der Mikrobiota das autonome ENS beeinflussen (die organische Grundlage des sogen. Bauchgefühls) und dieses über seine Kommunikation mit dem Gehirn auch verhaltenssteuernde Wirkungen zeitigt. Wie dieses Zusammenspiel autonomer, unbewusster und teilbewusster Steuerungen abläuft, ist Gegenstand der aktuellen Forschung. Jedenfalls erfährt an dieser Schnittstelle zwischen Mikrobiom und der genetisch exprimierten Identität der sogenannte freie Wille eines Menschen eine erhebliche Einschränkung.

Die Bedeutung der Mikrobiome in allen Ökosystemen der Erde ist allgemein kaum zu überschätzen. Die Koevolution zwischen Mikroorganismen und den von ihnen besiedelten höheren Organismen ist evolutionsgeschichtlich sehr alt. Ein Leben ohne organismeneigenes Mikrobiom scheint allgemein für eukaryotische Lebewesen (v. a. mehrzellige Lebewesen) unmöglich. Die Bereitstellung der mikrobiombildenden Organismen und ihre im symbiotischen Zusammenleben vorteilhaften Leistungen bilden die zweite fundamentale Dienstleistung des konkreten Ökosystems für einen Menschen.

Verlässt man die Ebene des eigenen Körpers und begibt sich in seine räumliche Umgebung, lassen sich beliebig viele Dienstleistungsangebote identifizieren. Angefangen bei den seit der Antike auch philosophisch belegten Elementen Luft, Wasser, Boden und Feuer bis hin zur Nahrungsbereitstellung und ästhetischen Wirkung ökosystemarer Systemelemente. Selbst eine (unbewusste) Verhaltenssteuerung ist nach der ersten Identifizierung eines natürlich vorkommenden Duftstoffs, des Hedions, das einen Pheromonrezeptor erregt, dem ökosystemaren Dienstleistungsrepertoire zuzurechnen (Berger et al. 2017).

Mit der Erfindung des Landbaus und dem Eintritt in die produzierende Wirtschaftsweise wird das ahemerob vorgegebene Ökosystem zwangsläufig dem Primat menschlicher Lebensansprüche unterstellt. Dabei hat die tragische Tatsache der energetischen Verlustkaskade einen erheblichen Anteil am heutigen Zustand des globalen Ökosystems: Die Notwendigkeit zu ansteigender Produktion wegen der Bevölkerungszunahme war mit den Kosten steigender Arbeitsleistung bei abnehmender Effizienz verbunden. Die Agrarhistorikerin Ester Boserup (1965) belegte dieses Dilemma mit dem Ausdruck *agricultural intensification.* Hatte die Landwirtschaft mit dem Grabstock noch ein Verhältnis von Arbeitsenergie zu Ertragsenergie von 1:13, betrug das Verhältnis in der frühmechanischen Landwirtschaft nur noch ca. 1:6, in der heutigen, fossilenergetisch subventionierten Landwirtschaft lediglich 1:2 (Schutkowski 2006, S. 96).

Man kann es kurz machen: in direkter wie indirekter Folge des Landbaus, der mit der Entstehung zentraler Orte und zunehmender gesellschaftlicher Arbeitsteilung wenigstens teilweise die reine Subsistenzwirtschaft hinter sich gelassen hat, und der damit eingeleiteten kulturellen Komplexitätszunahme wurde das Antlitz der Erde wesentlich verändert (Thomas 1956; Turner et al. 1990). Für eine Beschreibung des derzeitigen Zustands des Weltökosystems als Folge menschlicher Wirkungen wird auf die im Vorwort erwähnten Berichte verwiesen.

2.3 Nachhaltiges

Allgemein wird der Sinn des Lebensprozesses in ihm selbst, in seiner Permanenz gesehen. Grundsätzlich ist der Unterhalt der Lebensfunktionen an die Verfügbarkeit und den Zugang zu den energetischen und stofflichen Grundlagen für die Lebensprozesse einschließlich der Reproduktion gebunden. Die Reproduktion ist das Mittel zur Verstetigung des Lebensprozesses. Allerdings konkurriert das Streben nach Permanenz mit dem gleichen Streben anderer Organismen, denn die verfügbare energetische und stoffliche Grundlage ist begrenzt. Also muss der Zugang zu den Ressourcen durch Aushandlungsprozesse zwischen den biologischen Akteuren geregelt werden. Tatsächlich handelt es sich dabei um Konkurrenzverhalten zwischen den einzelnen Individuen innerhalb einer Lebensgemeinschaft. Die Idee der ökosystemaren Dienstleistung geht von der Gewährleistung der Verfügbarkeit der energetischen, der stofflichen und lebenspartnerschaftlichen Grundlagen aus. Wenn dabei die Handlungen zwischen den Individuen so ausbalanciert verlaufen, dass eine für die erfolgreiche Reproduktion notwendige Anzahl von Individuen aller Arten eine gesicherte Existenzgrundlage findet, befindet sich diese Lebensgemeinschaft in einem stabilen Gleichgewicht, dem Zustand der „Nachhaltigkeit“. Nachhaltigkeit bezeichnet die Bedingungen, unter denen die lebensbegründenden und lebenserhaltenden Prozesse oder Bedürfnisdeckungen verstetigt werden können. Real beeinflussen Zufälle wie Mutationen, Unfälle, Schwankungen in den Umweltmedien oder Extremereignisse den Verlauf der Aushandlungsprozesse und beeinflussen die Stoff- und Energieflüsse im Ökosystem. In der Regel können Normalitätsschwankungen durch die Pufferkapazität des Systems aufgefangen bzw. ausgeglichen werden, allerdings nicht immer und nicht immer in allen Bereichen des Systems, sodass durchaus prekäre Zustände für einzelne Individuen oder Arten auftreten können. Ob sich dabei der Gesamtcharakter des Systems ändert, ist eine Frage skalenabhängiger Beurteilung.

Die nachgeburtliche Entlassung eines Menschen in die Sozialverbände von Familie, Lebensgemeinschaften und Bevölkerungen sind die nächsten existenziell bedeutenden ökosystemaren Ebenen, auf denen Menschen ihre Lebensansprüche anmelden, einfordern und durchsetzen müssen. Es ist die Ebene derjenigen Nachhaltigkeit für die menschliche Existenz, die seit den Neolithischen Revolutionen weltweit auf der produzierenden Wirtschaftsweise beruht. Sie realisiert ursprünglich die Idee einer gesicherten Verstetigung der materiellen Lebensgrundlagen, die aber unhintergehbar von der Flächenproduktivität der kultivierten bzw. kultivierbaren Böden und der im bewohnten oder okkupierten Areal vorhandenen Bodenschätze abhängen. Verbunden war der Übergang zur produzierenden Wirtschaftsweise mit Bedrohungen durch klimatische Herausforderungen und organismische Nahrungskonkurrenten, Versorgungsmängel und Schädlinge. Mit diesen ökologischen Herausforderungen wuchs die Notwendigkeit zur Hervorbringung von Anpassungsstrategien und intelligenten Problemlösungen. Besonders betroffen waren davon Kulturen in ökologischen Grenzbereichen, von denen dann kulturelle Schübe ausgingen (z. B. semiaride Gebiete im Fruchtbaren Halbmond Vorderasiens, Issar und Zohar 2004). Ihnen kam, unter Berücksichtigung der notwendigen Diffusionszeiten, durchaus die Qualität von Sprunginnovationen zu. Ein Folge-Beispiel hierfür ist die Neolithisierung Europas, hauptsächlich ausgehend von Vorderasien.

Die Grundlage der Nachhaltigkeit, die mit der neolithischen Etablierung der produzierenden Wirtschaftsweise und ihrer diversifizierenden Folgen verbunden ist, kann man sich leicht veranschaulichen, wenn man das menschliche Wirtschaften als das begreift, was es am Ende tatsächlich ist: Die Wirtschaft, die heute unhintergehbar auf der energetischen Basis des Landbaus und energetischen Subventionierungen für technologische Bedarfe beruht, ist mit allen ihren Verzweigungen nichts anderes, als das mittlerweile ins unvorstellbar komplex entwickelte Leben und Erfüllen der tatsächlich existenziellen bzw. dafür gehaltenen Bedürfnisse der Menschen. Sie regelt über ihr Zeitregime auch den Zugang zu ästhetischen und spirituellen Lebensbedürfnissen. Für den rein materiellen Aspekt sollte zunächst das von Hans Carl von Carlowitz (1645–1714) formulierte Prinzip gelten: *Ein Land darf seine Bedürfnisse [...] nicht aus anderen Gebieten befriedigen* (Herrmann 2014, S. 19), ein barockzeitlicher Appell für das Selbstversorgerprinzip. Ein auch schon damals praktizierter wie erforderlicher Austausch von Energieträgern, Rohstoffen, Gütern und Dienstleistungen über territoriale Grenzen hinweg sollte grundsätzlich mit einem fairen wechselseitigen Ausgleich verbunden sein. Jene Kulturen bzw. in ihnen tätige Eliten, die über energetische Überschüsse, technische Innovationen, deren Äquivalente (d. i. Kapital) und infolge dessen über Machtpotenzial verfügen, überziehen jedoch seit der Etablierung des Kolonialsystems mit ihren Handlungsexzessen mittlerweile alle anderen Wirtschaftsräume und naturalen Ressourcen.

2.4 Das menschliche Ökosystem

Allgemein regeln Normen einer kulturellen hierarchischen Selbstorganisation in Sozialverbänden die Allokation von Lebensmitteln und den Zugang zu materiellen wie immateriellen kulturellen Errungenschaften. Da Menschen kulturfrei nicht existieren können, existieren für Menschen auch keine anderen als kulturell moderierte Ökosysteme. Ohne Zugriff auf kulturelle Dienstleistungen, die über die Deckung des Erhalts der basalen Lebensfunktionen hinausgehen, gäbe es keine menschlichen Sozialverbände der Art, wie wir sie kennen. Diese Dienstleistungen müssen selbstverständlich der ökologischen Fundierung der menschlichen Existenz zugerechnet werden.

Die von Menschen genutzten Ökosysteme werden durch Biodiversitätsverdrängungen, Biodiversitätslenkungen und Massenbewegungen hemerob modifiziert. In ihnen eignen sich die Kulturen die naturalen Rohstoffe und energetischen Äquivalente in spezifischer Weise an. Entsprechend gibt es für menschliche Kulturen ausschließlich kulturelle ökosystemare Dienstleistungen. Deren Dienstleistungen führen in eine zirkuläre Abhängigkeit: Menschen müssen diese Systeme zur Existenzsicherung hervorbringen, weil sie von diesen in jeder existenziellen Hinsicht abhängen. Kulturelle Entscheidungen bestimmen die Dienstleistungsfähigkeiten und -befähigungen und setzen dadurch Modifikationen in Gang: Von der sozioökonomischen über die gesamtkulturellen bis hin zur organismischen Ordnung.

Menschliche Artefakte, Institutionen und Überzeugungssysteme sind Transformationsleistungen, die auf natürlichen, physiologischen Prozessen beruhen. Selbst die absurdeste Denkfigur wird durch physiologische Prozesse hervorgebracht, die der Naturgesetzlichkeit unterworfen sind. Die Hervorbringungen bzw. ihre Verdinglichungen unterliegen ebenfalls der allgemeinen Naturgesetzlichkeit. Die ingeniösen Programme zur ihrer Herstellung, Etablierung bzw. Formulierung sind nichts weiter als verlängernde Aneignungen der ökosystemaren Möglichkeiten. Anders ausgedrückt: An die Stelle der vorkulturellen ökosystemaren Dienstleistung ist für Menschen die Dienstleistung eines kulturellen Ökosystems getreten. Kulturen regeln nunmehr nicht nur die Allokation der materiellen Rohstoffe und Energie, sie moderieren auch die Allokation aller Artefakte, aller materiellen und immateriellen Leistungen in einer Kultur. Am Ende wird man zwar eine Vielzahl kultureller Errungenschaften identifizieren können, bei denen ein unmittelbarer Beitrag zu den lebensförderlichen Grundlagen von Menschen zweifelhaft erscheint. Es müsste aber der Beweis geführt werden, dass diese Hervorbringungen nicht über den Umweg der Selbststabilisierung, der Bedürfnisbefriedigung und der Steigerung des Selbstwertgefühls letztlich doch der Deckung lebensförderlicher Bedürfnisse dienen, und sei es, dass ein Mensch auf einem dieser Felder ganz prosaisch seinen Lebensunterhalt verdient.

Seit langem ist in der Evolutionsgeschichte der Menschen an die Stelle des animalisch-opportunistischen Jagens und Sammelns die Deckung der Lebensansprüche im Rahmen einer Kultur getreten. *Die Summe der Lebensansprüche und ihr Erfüllungsraum bildet das spezifische ökologische Gefüge eines jeden Lebewesens, also auch von Menschen. Das spezifisch menschliche Ökosystem ist die Kultur. Sie ist nicht nur ein Aufwuchs auf einer organischen Grundstruktur, sie bestimmt vielmehr selbst die Systemabläufe (die zwischenorganismischen Wechselwirkungen) der Grundstruktur teilweise oder ganz.*

Mittlerweile ist eine Deckung der materiellen Ansprüche allein aus den lokalen Ökosystemen nahezu weltweit unmöglich geworden, weil für die heutige Deckung der Ansprüche an ökosystemare Dienstleistungen die materiellen Grundlagen und Klimazonen nicht ausreichend gleichmäßig über die Lebensräume verteilt sind. Die ausgreifende Nutzung auf benachbarte oder entferntere Ökosysteme durch gewaltsame territoriale Ausdehnung und Kolonienbildungen, durch Handel, Expeditionen und Verträge, hat zu einer Globalisierung der Stoffströme geführt, teilweise auch der Energieflüsse. Die anthropogenen Modifikationen der lokalen bzw. regionalen Ökosysteme addieren sich mit den Zugriffen auf kontinentale, interkontinentale und maritime Ökosysteme zu einem anthropogen modifizierten globalen Gesamtsystem. Allerdings wäre es auch ohne menschlichen Einfluss angemessen, von einem globalen Ökosystem zu sprechen, nur wäre dies ein völlig anderes. Wie es aussehen würde, ist ungewiss, gewiss scheint nur, dass es nicht von ähnlich prekärer Qualität wäre, wie das heutige. Man kann allerdings nicht wissen, ob naturale Extremereignisse aufgetreten wären.

Ein gravierender Grund für die schwierige Lage der Gesamtheit der Ökosysteme durch additive Fortsetzung und damit für die Situation des globalen Ökosystems insgesamt besteht in der großen Individuenzahl der menschlichen Weltbevölkerung, die zudem an nur *einem* Nutzungsmuster naturaler Ressourcen hängt. Derzeit leben ca. 7,6 Mrd. Menschen auf der Erde. Davon bestreiten 0,05 % der Weltbevölkerung ihren Lebensunterhalt als Wildbeuter und Feldbeuter (Jäger und Sammler). Der Anteil pastoraler Nomaden an der Weltbevölkerung wird auf 0,4–0,5 % geschätzt. Damit leben etwa 99,5 % der Weltbevölkerung in Abhängigkeit von der Primärproduktion (d. i. Landwirtschaft). Sie ist Voraussetzung für die anderen Sektoren der Wirtschaft, für die Verarbeitung von Rohstoffen (als Sekundärsektor, Industrieller Sektor) wie für die Dienstleistungen (als Tertiärsektor, Dienstleistungsgesellschaft). Der geringe Anteil der Wildbeutergesellschaften und pastoraler Nomaden lässt sich als Folge der Neolithischen Revolutionen begreifen. Wildbeutergesellschaften und viehhaltende Nomaden können denselben Lebensraum nutzen, ebenso Bauern und Viehzüchter. Beispiele hierfür finden sich heute in Südamerika und Afrika.[2] Die Flächenproduktivität des Ökosystems erlaubt diese simultanen Parallelexistenzen unterschiedlicher ökologischer Ausbeutungsstrategien, weil die Ressourcen arbeitsteilig und zeitversetzt genutzt werden. Dagegen ist eine gleichzeitige, rivalisierende Nutzung derselben Flächen durch verschiedene, Landbau treibende Kulturen unmöglich.

Die im Lauf der Geschichte gefundenen Optimierungen der Agrarproduktion erlauben es heute, dass 90 % des weltweiten Kalorienverbrauchs durch nur 30 Kulturpflanzenarten abgedeckt werden (WBGU 2000, S. 86). Allerdings ist die Zahl der Kultivare, also der regional kultivierten Sorten immens (Tab. 2.1).

Die heute weltweit, wenn auch in unterschiedlichen Sorten kultivierten Nahrungspflanzen, gehen auf Wildformen in den acht bis zwölf weltweiten Diversitätszentren für die Entstehung von Kulturpflanzen zurück (Hawkes 1983).

---

[2] Ich danke Herrn Kollegen Jürg Helbling, Luzern, für klärende Hinweise, konkrete Beispiele und die Nennung einschlägiger ethnologischer Literatur, u. a.: Berkes (1989), Haller (2010), Spencer (1973), Stücklin (2009).

Tab. 2.1 Die 30 wichtigsten Kulturpflanzen der Welt *(crops that feed the world)* und ihr Sammlungsbestand in Anzahl von Kultivaren ex situ. Aus: WBGU 2000, S. 87

Kulturart	Anzahl	Kulturart	Anzahl	Kulturart	Anzahl
Weizen	784.500	Tomate	78.000	Zuckerrübe	24.000
Gerste	485.000	Kichererbse	67.500	Ölpalme	21.000
Reis	420.500	Baumwolle	49.000	Kaffee	21.000
Mais	277.000	Süßkartoffel	32.000	Zuckerrohr	19.000
Bohnen	268.500	Kartoffel	31.000	Yamswurzel	11.500
Soja	174.500	Ackerbohne	29.500	(Koch-)/Banane	10.500
Millet/Sorghum	168.500	Maniok	28.000	Tabak	9705
Kohl	109.000	Kautschuk	27.500	Kakao	9500
Erbse	85.500	Linse	26.000	Taro	6000
Erdnuß	81.000	Knoblauch/Zwiebel	25.500	Kokosnuß	1000

Pflanzenkultivierungen sind archäologisch auf allen bewohnten Kontinenten seit vielen tausend Jahren nachweisbar, in Abhängigkeit vom regionalen bis kontinentweiten Vorkommen geeigneter Wildformen. Ihre heutige weltweite Verbreitung ist Folge der postkolumbischen ökologischen Globalisierung. Hinzu kommen nicht bekannte Zahlen für Kultivare von Zierpflanzen, Arznei- und Gewürzpflanzen sowie technisch bzw. dekorativ genutzten Gehölzen.

Obwohl die Zahl von Tierarten weltweit die der Pflanzenarten um mindestens das Dreißigfache übersteigt, ist die Zahl nutzbarer Tierarten sehr viel geringer. Die zahlenmäßig größte Tiergruppe, die Insekten, wird teilweise opportunistisch als Nahrung genutzt, steuert aber mit der Seidenraupe, der Honigbiene und einigen Hummelarten zahlenmäßig nur wenig zur Erzeugungs- und Verarbeitungswirtschaft bei. Allerdings sind Insekten als Dienstleistung für die Jungvogelaufzucht unersetzlich, opportunistisch genutzt als biologische Schädlingsbekämpfung. Lokal und regional relevant ist der Anteil an genutzten Fischen.[3] Im globalen Ökosystem

[3]Wirtschaftssystematisch gehört die Subsistenzfischerei zur Wildbeuterwirtschaft. Sie hat für Landwirtschaft treibende Küstenbewohner und für Anlieger an Binnengewässern immer eine Nahrungsergänzung oder Hauptnahrung geliefert, teilweise mit begleitendem Fernhandel (z. B. Salzhering, Hanse). Sie wird hier, ebenso wie die kommerzielle Hochseefischerei der postkolumbischen Zeit, nicht weiter berücksichtigt, weil ihre Einbeziehung nur einen Nebenaspekt beträfe und die Kernaussage des Essays nicht infrage stellen würde. Unbestreitbar hat die Küsten- und Hochseefischerei einschließlich des Walfangs ebenfalls längst ein bedrohliches bis desaströses Ausmaß für das maritime Ökosystem erreicht.

Tab. 2.2 Übersicht über weltweit erfasste Haustierrassen der Säugetiere. (aus: WBGU 2000, S. 86)

Art	Anzahl Rassen
Rind	783
Schaf	863
Ziege	313
Schwein	263
Büffel	62
Pferd	357
Esel	78

stellen Vögel und Säugetiere als Nahrung und Nutztiere den größten Anteil. Auch hier hat es eine erhebliche Diversifizierung in Domestivare (Rassen domestizierter Tiere) gegeben (Tab. 2.2), deren Ursprungsarten im Gegensatz zu Pflanzen ganz überwiegend aus der Paläarktis stammen. In der Tabelle sind Nutztiere wie Kamele und Esel ebenso wenig erfasst wie Rassen der Kleintiere, unter denen durchaus solche mit wirtschaftlicher Bedeutung existieren (z. B. Meerschweinchen, Kaninchen und v. a. Hühner) und jene des ältesten Haustieres der Menschheit, des Hundes, von denen es 390 anerkannte Rassen gibt.

Die große Anzahl von Kultivaren und Domestivaren ist eine Folge von mit der Landwirtschaft und ihren Filiationen verbundenen kulturellen Veränderungen der naturalen Ressourcen. Zuchtziele sind eine auf menschliche Bedürfnisse ausgerichtet Optimierung der Wildformen. Weil es dabei historisch auch zu einem genetischen Rückfluss in die Wildpopulationen gekommen ist, haben Züchtungen auch zur genetischen Veränderung des Wildbestands beigetragen.

Die landwirtschaftliche Primärproduktion ist nicht mehr abhängig vom naturräumlichen Ressourcenangebot, sondern völlig abhängig von kulturell modifizierten Elementen. Diese sind ihrerseits nicht mehr Teil eines sich selbst überlassenen, sondern ausschließlich und strikt anthropogenen Ökosystems. Die Nutzung nicht erneuerbarer Energien und teilweise erneuerbarer Energien (Wasser, Wind, z. T. Solarenergie) ist dabei gleichbedeutend mit der virtuellen Vergrößerung einer für die Primärproduktion verfügbaren Fläche. Die Nutzung nichtorganischer natürlicher Ressourcen (Mineralien) dient der Optimierung des ökosystemaren Dienstleistungsangebotes, etwa durch technische Erzeugnisse, dient mit der grundsätzlichen Bindung an Edelmetalle der Erleichterung des Tauschhandels, sowie der Verdinglichung von Wertvorstellungen und der kulturellen Selbstversicherung durch Statuszuweisungen. Einzig ein derartiges kulturelles Ökosystem ist in der Lage, den energetischen Bedarf und die übrigen Dienstleistungsansprüche der Menschen zu decken. Das tatsächlich genutzte naturale Füllhorn verdankt sich der anthropogenen Aktivität von Biodiversitätslenkung und Biodiversitätsverdrängung, der gesteigerten Biomasse der Kultivare und Domestivare, der Erschließung energetischer Zusatzquellen, der Nutzung mineralischer Grundstoffe und der Herstellung von Artefakten. Durch kollaterale genetische und ökologische Erosion ist das anthropogene Ökosystem sich gleichzeitig selbst die größte Bedrohung (u. a. Überbevölkerung, Umweltverschmutzung und -vergiftung, Resistenzverluste, Zoonosen, Schädlinge, Unkraut, Bodendegradierung und v. a. ökologisches Missmanagement). Der prognostizierte Klimawandel wird auch die weltweite landwirtschaftliche Primärproduktion nachteilig beeinflussen (Klimafolgen zuletzt unter ipcc o. J.).

Die Neolithischen Revolutionen sind weltweit mehrfach unabhängig voneinander, aus unterschiedlichen kulturellen Voraussetzungen entstanden. Sesshaftigkeit und Eigentumsansprüche am Boden waren ebenso ihre Folgen wie die Entstehung zentraler Orte, wie die Ausrichtung von Energie- und Stoffströmen auf diese hin. In der Mitte unseres Jahrhunderts werden mindestens drei viertel aller Menschen in Städten wohnen. Erfunden wurden Städte im Umfeld der Neolithischen Revolutionen, also vor ca. 10.000 Jahren. Es hat gerade einmal dieser kurzen Zeitspanne innerhalb der menschlichen Evolution bedurft, die weitaus größte Anzahl aller Menschen an diesen zentralen Orten zu konzentrieren. Erstaunlicherweise sind Städte wegen dieser Konzentration evolutionär als gegenwärtig für Menschen ökologisch attraktivste Existenzform anzusehen. Die Stadtgesellschaften sind über soziokulturelle Instrumente (politische Systeme, Sprachen, Warenaustausch, Kommunikation) weiträumig verbunden. Sie bestimmen die Nutzungsweisen ihrer Hinterländer nach dem Prinzip der Thünenschen Ringe. Allerdings sind die heutigen Nutzungszonen nicht mehr ringförmig bzw. zonal zu denken, sie sind vielmehr von unterschiedlichster Reichweite, Ausprägung und Intensität, je nach Wirtschaftsgut oder gewünschter Einflusssphäre.

Faktisch ist die Globalisierung der Umwelt eine zwangsläufige Folge des Landbaus. In dessen Folge wechselte der menschliche Primat von der generativen k-Strategie in eine r-Strategie, ursprünglich ein ökologisch einsichtiges Verhalten der Risikostreuung angesichts des nicht einfachen Übergangs von der Wildbeutergesellschaft in die Agrargesellschaft. Der daraus resultierende Netto-Bevölkerungsanstieg, verbunden mit dem menschlichen *desire for gain* und den daraus resultierenden Handlungsexzessen, führte in den derzeitigen Zustand der globalen Umweltsituation. Gesellschaftsmodelle, die unregulierte egalitäre wie exklusive Zugänge zu Ressourcen und Besitz zulassen, verstärken den Druck auf das Weltumweltsystem. Man wird es drehen und wenden können wie man wolle, es sind kulturell gesetzte Regeln und Normen, die ökosystemare Dienstleistungen benennen, über die Art ihrer Nutzung bestimmen und sie damit zu kulturellen Dienstleistungen machen.

Eine kulturfreie Wahrnehmung der Natur ist schwerlich möglich, trotz der Beteuerungen der modernen Wissenschaften. Ob man mit bestimmten Facetten des anthropischen Prinzips die gesamte Natur überhaupt für eine Hervorbringung sinnesbegabter Lebewesen hält und damit an den Sensualismus George Berkeleys (1685–1753) anschließen möchte, ist wiederum eine philosophische Frage, keine wissenschaftspraktische. Wir dürfen und sollten glauben, dass objektive Aussagen über die Natur und über Ökosysteme unabhängig von subjektiven menschlichen Beobachtern möglich sind. Aber wir sollten aufhören, an den Dualismus von Natur und Kultur zu glauben, weil er objektiv nicht existiert, sondern ein kulturelles Konstrukt ist zur Stützung und Zementierung eines bestimmten menschlichen Selbstverständnisses. Kultur ist eine spezifische Naturäußerung, die bei Menschen in sehr ausgeprägter Form vorkommt. Dort, wo Menschen Natur nutzen bzw. ökosystemare Dienstleistungen, geschieht dies immer auf der Grundlage kultureller Vorstellungen über die naturale Welt *(s. o. Abschn.*1.2., *Ernst Cassirer).* Es ist der Naturalismus der anthropozentrischen Lebenswirklichkeit, der den Unterschied zwischen Kultur und Natur betont, wobei die menschlichen Kollektive (Kultur) in einen Gegensatz zu den Nichtmenschen (Natur) gebracht sind (Descola 2013).

Philippe Descola hat dargelegt, dass es jenseits vom Natur-Kultur-Dualismus andersartige Verständnisse gibt, die auf einer Kontinuität zwischen beiden Feldern statt der Dichotomie gründen. Interessanterweise sind dies Vorstellungen in heutigen Wild- und Feldbeutergesellschaften, obwohl auch bei uns u. a. totemistische und animistische Vorstellungen die Weltdeutung und die Bewirtschaftung naturaler Ressourcen noch bis zum Ende der sogenannten magischen Wissenschaftspraxis beherrschten (Thorndike 1958). Die an sich alte, aber gegenwärtig erneute Betonung des abendländischen Kultur-Natur-Dualismus ist am Ende eine Folge auch der Entzauberung der Natur innerhalb des szientifischen Weltbildes während der letzten 150 Jahre. Die objektive Wissenschaft bezeichnet, misst und verändert ökosystemare Dienstleistungen, aber sie erkennt sie nur und nutzt sie ausschließlich innerhalb ihrer kulturell erworbenen Befähigungen und Fähigkeiten. Es ist deshalb unsinnig, sich über kulturelle ökologische Dienstleistungen und ausschließlich biowissenschaftlich definierte ökologische Dienstleistungen zu streiten, weil hierbei nicht zwischen basalen Lebensgrundlagen und ihrer Allokation unterschieden wird, die ausschließlich gesellschaftlich, d. i. kulturell, vermittelt wird. In der Substanz ist Kultur der mit Lebewesen und Umweltelementen ausgestattete physische, soziale und philosophische Raum (Hypodoche), in dem Menschen sich bewegen und der ihnen mit seinen Dienstleistungen das Überleben sichert: *Sie ist das menschliche Ökosystem.* Die in Abschn. 1.6 aufgeführte *Lehrbuchdefinition für das Ökosystem* schließt in ihrer Allgemeinheit sämtliche kulturellen Leistungen bzw. Errungenschaften mit ein, sofern die Definition um die humanspezifische Erzeugung und Allokation von Artefakten erweitert wird. So, wie es *das Ökosystem* nur als abstraktes Denkmodell gibt und konkret entsprechend zahlreiche Ökosysteme existieren, ebenso gibt es *die Kultur* nur als Abstraktion und in der Realität viele Kulturen. Jede versucht mit den Möglichkeiten ihrer Konzeption, die Existenz ihrer Angehörigen nachhaltig zu sichern. Dabei unterliegen sie dem mehrfach erwähnten Aushandlungsprozess in der innerkulturellen Konkurrenz sowie mit anderen ökosystemaren Dienstleistungen anderer Kulturen. Die Betrachtung von Kulturen als menscheneigene Ökosysteme erübrigt dann auch den Streit darüber, ob es kulturelle ökosystemare Dienstleistungen gibt (Kirchhoff 2012; Daniel et al. 2012), beendet allerdings nicht die Diskussion darüber, inwieweit die Furcht vor Naturdingen, wie Spinnen oder Wölfen, oder Agoraphobie angeboren oder erlernt ist (hierzu Bandelow und Michaelis 2015; Bandelow et al. 2016).

Was Sie aus diesem *essential* mitnehmen können

- Alle Lebewesen hängen von ökosystemaren Dienstleistungen an
- Von Menschen genutzte ökosystemare Dienstleistungen sind immer soziokulturell gesetzt
- Kulturen haben ökosystemare Funktionen, sie *sind* menschliche Ökosysteme

B. Herrmann, *Das menschliche Ökosystem*, essentials,
https://doi.org/10.1007/978-3-658-24943-4

Literatur

Alpers S (1998) Kunst als Beschreibung: holländische Malerei des 17. Jahrhunderts. DuMont, Köln

Ambrose H (1998) Late Pleistocene human population bottlenecks, volcanic winter, and differentiation of modern humans. J Hum Evol 34:623–651. https://doi.org/10.1006/jhev.1998.0219

Bacon F (1620) Francisci de Verulamio, Summi Angliae Cancellarii. Instauratio magna. Joannes Billius, London

Bacon F (1623) De dignitate et augmentis scientiarum. In: Opera Francisci Baronis de Verulamio, Tom I. Haviland, London Bacon 1623, Lib II, Cap II, S 79–84.

Balkenhol N, Cushman S, Storfer A, Waits L (Hrsg) (2016) Landscape Genetics: Concepts, Methods, Applications. Wiley-Blackwell, Chichester

Bandelow B et al (2016) Biological markers for anxiety disorders, OCD and PTSD – a consensus statement. Part I: Neuroimaging and genetics. The World J Biol Psychiatry . https://doi.org/10.1080/15622975.2016.1181783

Bandelow B, Michaelis S (2015) Epidemiology of anxiety disorders in the 21st century. Dialogues in Clin Neurosci 17:327–335

Berger S, Hatt H, Ockenfels A (2017) Exposure to Hedione increases reciprocity in humans. Frontiers in Behavioral Neuroscience 5(2017). https://doi.org/10.3389/fnbeh.2017.00079

Berkes F (Hrsg) (1989) Common property resources. Belhaven Press, London

Bigger C (2005) Between chora and the good: metaphor's metaphysical neighborhood. Fordham University Press, New York

Blom JD (2010) A dictionary of hallucinations. Springer, New York

Boserup E (1965) The conditions of agricultural growth: the economics of agrarian change under population pressure. Allen & Unwin, London

Canguilhem G (2009) Das Lebendige und sein Milieu. In: Canguilhem G (Hrsg) Die Erkenntnis des Lebens. August Verlag, Berlin, S 233–279

Cassirer E (1996) Versuch über den Menschen. Einführung in eine Philosophie der Kultur. Meiner, Hamburg

Catton W, Dunlap R (1978) Environmental sociology: a New Paradigm. The Am Sociol 13:41–49

Cavalli-Sforza L, Menozzi P, Piazza A (1994) The history and geography of human genes. Princeton University Press, Princeton

B. Herrmann, *Das menschliche Ökosystem,* essentials,
https://doi.org/10.1007/978-3-658-24943-4

Daniel T et al (2012) Reply to Kirchhoff: cultural values and ecosystem services. PNAS 109(46):E3147
Daston L, Park K (2002) Wunder und die Ordnung der Natur. Eichborn, Berlin
Descola P (2013) Jenseits von Natur und Kultur. Suhrkamp, Berlin
Durham W (1991) Genes, culture, and human diversity. Stanford University Press, Stanford
FAO (1997) The state of the world's plant genetic resources for food and agriculture. Food and Agriculture Organization of the United Nations, Rom
Friederichs K (1943) Über den Begriff der „Umwelt" in der Biologie. Acta Biotheor 7:147–162
Friederichs Karl (1950) Umwelt als Stufenbegriff und als Wirklichkeit. Studium Generale 3:70–74
Foucault M (1985) Die Geburt der Klinik. Eine Archäologie des ärztlichen Blicks. Ullstein Materialien, Frankfurt
Groh D (1992) Strategien, Zeit und Ressourcen. Risikominimierung, Unterproduktivität und Mußepräferenz – die zentralen Kategorien von Subsistenzökonomien. In: Groh D (1992) Anthropologische Dimensionen der Geschichte. Suhrkamp, Frankfurt, S 54–113
Haller T (Hrsg) (2010) Disputing the floodplaines. Brill, Leiden
Hartmann N (1980) Philosophie der Natur. Abriß der speziellen Kategorienlehre, 2. Aufl. De Gruyter, Berlin
Hawkes J (1983) The diversity of crop plants. Harvard University Press, Cambridge
Heckmann HD, Walter S (Hrsg) (2001) Qualia. Ausgewählte Beiträge. Mentis, Paderborn
Heisenberg W (2017) Die Kopenhagener Deutung der Quantentheorie. In: Heisenberg W (Hrsg) Quantentheorie und Philosophie. Reclam, Stuttgart, S 42–61
Herrmann B (2014) Geschichte und Konzept der Nachhaltigkeit. In: Gleitsmann-Topp R-J, Rittmann J (Hrsg) Automobile Nachhaltigkeit und Ressourceneffizienz. Wissenschaftliche Schriftenreihe der Mercedes-Benz Classic Archive, Bd 17, Akadamie Verlag, Berlin, S 15–33
Herrmann B (2019) Die Seifenblase um uns herum. Die Entdeckung der Umwelt In: Voigt B (Hrsg) Vom Werden. Entwicklungsdynamik in Natur und Gesellschaft. Königshausen und Neumann, Würzburg
Herrmann B, Sieglerschmidt J (2016) Umweltgeschichte im Überblick. Springer Spektrum, Wiesbaden
Herrmann B, Sieglerschmidt J (2017) Umweltgeschichte in Bildern. Springer Spektrum, Wiesbaden
Herrmann B, Sieglerschmidt J (2018) Umweltgeschichte und Kausalität. Entwurf einer Methodenlehre. Springer Spektrum, Wiesbaden
ipcc (o. J.) Global warming of 1.5°C, an ipcc special report on the impact of global warming … http://ipcc.ch/report/sr15/. Zugegriffen: 15. Nov. 2018
Issar A, Zohar M (2004) Climate change – environment and civilisation in the Middle East. Springer, Berlin
Kendal J, Tehrani J, Odling-Smee J (Hrsg) (2011) Theme issue „human niche construction". Philosophical Transactions of the Royal Society B 366(1566):784–934
Kirchhoff T (2012) Pivotal cultural values of nature cannot be integrated into the ecosystem services framework. PNAS 109(46):E3146
Kirchhoff T (2018) Kulturelle Ökosystemdienstleistungen. Eine begriffliche und methodische Kritik. Alber, Freiburg
Lexikon der Physik (o. J.) Stichwort „Anthropisches Prinzip". Spektrum. https://www.spektrum.de/lexikon/physik/anthropisches-prinzip/594. Zugegriffen: 15. Nov. 2018

Marx K (1968) Das Kapital, Bd I, Dritter Abschnitt. In: Marx K, Engels, Werke. Bd 23. Dietz Verlag, Berlin. S 192

MEA Millennium Ecosystem Assessment (2005) Ecosystems and human well-being: synthesis. Island Press, Washington

Mildenberger F, Herrmann B (Hrsg) (2014) Uexküll J v, Faksimile: Umwelt und Innenwelt der Tiere [1921]. Mit einem Stellenkommentar und Nachwort versehen. Springer Spektrum, Berlin

Nagel T (1974) What is it like to be a bat? Philosophical Review 83:435–450

Ortega y Gasset J (1964) Der Aufstand der Massen. Rowohlt, Hamburg

Penzlin H (2014) Das Phänomen Leben. Grundfragen der Theoretischen Biologie. Springer Spektrum, Berlin

Reich D (2018) Who we are and how we got here. Oxford University Press, Oxford

Reinhardt C (2017) The indigenous microbiota – impact on immunity, vascular physiology and cardiovascular disease. Leopoldina Jahrbuch 2016:439–447

Sahlins M (1974) Stone Age Economics. Tavistock Publ., London

Schaefer M (2012) Wörterbuch der Ökologie, 5. Aufl. Spektrum Akademischer, Heidelberg

Schutkowski H (2006) Human ecology. Biocultural adaptations in human communities. Springer, Berlin

Sorabji R (1992) Introduction. In: Urmson J (Hrsg) Simplicius. Corollaries in Place and Time. Duckworth, London

Spencer P (1973) Nomads in alliance. Oxford University Press, New York

Spitzer L (1942) Milieu and ambiance: an essay in historical semantics. Philos Phenomenol Res 3(1–42):169–218

Stücklin S (2009) Institutioneller Wandel und Ressourcenkonflikte. Rüdiger Köppe, Köln

TEEB (2010) Die Ökonomie von Ökosystemen und Biodiversität. [TEEB (2010) The Economics of Ecosystems and Biodiversity: Mainstreaming the Economics of Nature. Ansatz, Schlussfolgerungen und Empfehlungen von TEEB – eine Synthese.] http://www.teebweb.org/publication/mainstreaming-the-economics-of-nature-a-synthesis-of-the-approach-conclusions-and-recommendations-of-teeb/

Thomas W (Hrsg) (1956) Man's role in changing the face of the earth. The University of Chicago Press, Chicago

Thorndike L (1958) A history of magic and experimental science. Columbia University Press, New York

Trepl L (2012) Biodiversitätsbasierte Ökosystemdienstleitungen. https://scilogs.spektrum.de/landschaft-oekologie/es-gibt-keine-kulturellen-oekosystemdienstleistungen/. Zugegriffen: 3. Juli 2018

Trepl L (2014) Es gibt keine kulturellen Ökosystemdienstleistungen. https://scilogs.spektrum.de/landschaft-oekologie/es-gibt-keine-kulturellen-oekosystemdienstleistungen/. Zugegriffen: 3. Juli 2018

Turner B, Clark W, Kates R, Richards J, Mathews J, Meyer W (Hrsg) (1990) The earth as transformed by human action. Cambridge University Press & Clark University, Cambridge

Uexküll Jv (1921) Umwelt und Innenwelt der Tiere. In: Mildenberger F, Herrmann B (Hrsg) (2014) Uexküll. Umwelt und Innenwelt der Tiere. Springer Spektrum, Berlin, S 14–242

Uexküll J v (1922) Wie sehen wir die Natur und wie sieht die Natur sich selber? Die Naturwissenschaften 10:265–271, 296–301, 316–322

Verbeke G (1983) Ort und Raum nach Aristoteles und Simplikios. Eine philosophische Topologie. In: Irmscher J, Müller R (Hrsg) Aristoteles als Wissenschaftstheoretiker. Schriften zur Geschichte und Kultur der Antike 22, Akadamie Verlag, Berlin, S 113–122

WBGU (2000) Wissenschaftlicher Beirat der Bundesregierung Globale Umweltveränderungen. Jahresgutachten 1999: Welt im Wandel, Erhaltung und nachhaltige Nutzung der Biosphäre. Springer, Berlin

Weber M (1988) Wissenschaft als Beruf. In: Weber M (Hrsg) Gesammelte Aufsätze zur Wissenschaftslehre, 7. Aufl. Mohr, Tübingen, S 582–613

White L (1967) The historical roots of our ecologic crisis. Science 155:1203–1207

Wilson E (Hrsg) (1992) Ende der biologischen Vielfalt? Der Verlust an Arten, Genen und Lebensräumen und die Chancen für eine Umkehr. Spektrum Akademischer, Heidelberg

Zalasiewicz J et al (2008) Are we now living in the Anthropocene? GSA Today 18(2):4–8. https://doi.org/10.1130/GSAT01802A.1